GlnR和Fnr介导植物乳杆菌WU14的Nir表达调控机制

The Expression Regulation Mechanism of Nir in
Lactobacillus Plantarum WU14 Mediated by GlnR and Fnr

徐波 著

化学工业出版社

·北京·

内容简介

本书为作者团队多年从事乳酸菌分子生物学和基因调控研究系列成果的总结。以植物乳杆菌 WU14 为研究对象，以乳酸菌亚硝酸盐还原酶系统的调控为突破口，主要探讨了乳酸菌氮代谢全局性调控蛋白 GlnR 和 Fnr 对亚硝酸还原酶 Nir 的调控机制，从转录水平和基因表达上着手分析亚硝酸盐胁迫下植物乳杆菌 WU14 全局性转录调控蛋白 GlnR 和 Fnr 及 Nir 对氧感应机制，验证了 Fnr 与 Nir 和 nir 启动子以及 Fnr 与 GlnR 的相互作用，阐明了 GlnR 和 Fnr 对 nir 操纵子的多层次表达调控机理，以期为构建乳酸菌氮代谢的基因转录网络、明确基因转录的相互调控关系和关键调控基因提供理论和技术支持。

本书主要面向食品微生物发酵和应用研究的科研工作者，特别适用于乳酸菌功能基因挖掘和基因调控研究领域的科研工作者，期望能够对食品微生物和益生菌分子生物学等科研工作者的研究提供帮助。

图书在版编目（CIP）数据

GlnR 和 Fnr 介导植物乳杆菌 WU14 的 Nir 表达调控机制/徐波著. —北京：化学工业出版社，2024.3
ISBN 978-7-122-44944-3

Ⅰ.①G⋯　Ⅱ.①徐⋯　Ⅲ.①乳酸细菌-研究　Ⅳ.①Q939.11

中国国家版本馆 CIP 数据核字（2024）第 010598 号

责任编辑：刘　军　孙高洁　　　　文字编辑：张春娥
责任校对：刘　一　　　　　　　　装帧设计：王晓宇

出版发行：化学工业出版社
　　　　　（北京市东城区青年湖南街 13 号　邮政编码 100011）
印　　装：涿州市般润文化传播有限公司
710mm×1000mm　1/16　印张 8¾　字数 159 千字
2024 年 4 月北京第 1 版第 1 次印刷

购书咨询：010-64518888　　　　　售后服务：010-64518899
网　　址：http://www.cip.com.cn
凡购买本书，如有缺损质量问题，本社销售中心负责调换。

定　　价：80.00 元　　　　　　　　版权所有　违者必究

前言
PREFACE

亚硝酸盐是一种潜在的致癌物，随着人们食品安全意识的提高，腌制食品中亚硝酸盐污染的安全问题日益受到关注，这也是腌制食品生产中普遍面临的问题。因此，如何降解亚硝酸盐是腌制食品生产中亟待解决的关键问题，也是食品安全领域的研究热点。

作者及其团队成员在国家自然科学基金、江西省自然科学基金、江西省科技支撑计划项目、广东省自然科学基金、广东省普通高校重点领域专项等项目的资助下，长期开展乳酸菌来源的食品级亚硝酸盐还原酶动态降解食品腌制过程中所产生的亚硝酸盐的理论和技术研究，在乳酸菌功能基因挖掘和基因调控、氮代谢和稀有糖生物转化等领域取得了一系列的成绩，在乳酸菌 GlnR 调控 GAD 机制、GlnR 与 Nir 相互作用及表达调控机制、Fnr 和 Fur 参与植物乳杆菌 WU14 亚硝酸盐降解的调控机制和高产 D-塔格糖工程菌株构建与生物转化、耐热性和 N-糖基化分子改良提高植物乳杆菌 WU14 L-阿拉伯糖异构酶催化效率等方面取得了积极成果，在国内外高水平期刊上发表了数十篇学术论文，授权了多项国家发明专利，研究成果为乳酸菌氮代谢调控研究和亚硝酸盐生物降解的发展提供了理论指导和技术支撑。

本书是对植物乳杆菌 WU14 全局性调控蛋白 GlnR 和 Fnr 对 Nir 表达调控机制研究的系列成果的总结。全书分为 7 章，比较系统地从理论和技术等方面介绍了植物乳杆菌 WU14 利用亚硝酸盐还原酶生物动态降解亚硝酸盐的基因调控机制，具体是在系统介绍腌制食品中亚硝酸盐对人体的危害、亚硝酸盐还原酶的分类和功能以及植物乳杆菌的氮代谢调控因子 GlnR 和 Fnr 研究现状的基础上，详细介绍了植物乳杆菌 WU14 的 Nir 基因的食品级细胞内高效诱导表达、Fnr 和 GlnR 的重组表达和纯化、Fnr 和 GlnR 与 Nir 启动子的相互作用以及 Fnr 和 GlnR 与 Nir 的相互作用与表达调控机制。

本书由广东石油化工学院徐波教授撰写。本书撰写过程中，中国农业科学院姚斌院士、石鹏君研究员、伍宁丰研究员、张伟研究员等给予了大力支持，应碧、昌晓宇、罗艳、孙志军、曾浩、缪婷婷、邱胡林和沈凤飞等研究生也为本书的完成付出了辛勤的劳动，在此表示衷心感谢！

本书是作者研究团队对乳酸菌亚硝酸盐还原酶动态降解亚硝酸盐的基因和表达调控的分子机制研究的成果总结，期望能为食品微生物和益生菌研究领域的学者和学生提供一点理论和技术上的帮助。

　　限于作者水平，书中难免存在疏漏之处，敬请读者批评指正。

徐　波

2023 年 8 月

目录
CONTENTS

第 7 章　植物乳杆菌 WU14 6-磷酸-β-葡萄糖苷酶的基因克隆、蛋白质表达以及生物信息学分析　122

第1章

绪论

1.1 亚硝酸盐与食品

1.1.1 亚硝酸盐在食品行业的应用

腌制品在我国是一种常见的食品，在几百年前人们就将硝酸盐添加到腌肉中作为防腐剂，以起到抑制肉毒杆菌和金黄色葡萄球菌以及腐败菌的生长，延长食品保存时间的作用；硝酸钾还能作为风味剂添加到腌肉中，改变腌肉的颜色，使其产生粉红色，以及产生独特的香味，改善腌肉的风味[1]。

研究表明，腌制品中发挥风味剂和防腐剂功能的不是硝酸盐，而是在细菌的作用下将硝酸盐还原生成的亚硝酸盐。随着人们对亚硝酸盐认识的深入，腌制食品行业在腌制食品中也逐渐以添加亚硝酸盐取代硝酸盐直接作为风味剂和防腐剂使用，并且目前还未找到更好的替代品[2]。

1.1.2 亚硝酸盐对人体的危害

20 世纪 70 年代，亚硝酸盐作为食品添加剂影响人体健康的问题受到了广泛关注，美国 Stoeivsand 教授指出，长期食用添加亚硝酸盐的食物可导致癌症和甲状腺肿大等多种疾病[3]。研究表明，亚硝酸盐的致病机理主要是因为亚硝酸根会与肉类中的二甲胺反应生成强致癌的二甲基亚硝酸胺[2]。

除了长期食用含亚硝酸盐的食物会导致癌症等疾病外，一次性食用过量的 $NaNO_2$ 也会导致人体中毒甚至死亡（成人一次性摄入 0.6~1.5g 亚硝酸盐会导致急性中毒，摄入 5~12g 亚硝酸盐可致死；儿童一次性摄入 0.2~0.3g 亚硝酸盐会引起急性中毒）[2]，其机理是由于肠道中的亚硝酸盐被人体吸收后，亚硝酸根进入血液与血红蛋白中的 Fe^{2+} 结合，将 Fe^{2+} 氧化为 $Fe^{3+[4]}$，降低血液的携氧能力，导致血管扩张缺氧致死[5]。

1.1.3 酱腌菜和泡菜中亚硝酸盐的产生与控制

酱腌菜和泡菜是一类盐渍和乳酸发酵的蔬菜深加工产品，是许多人喜爱的传统菜肴。在中国的很多地区，将过剩的蔬菜，如卷心菜、芹菜、黄瓜和萝卜等，浸泡在 6%～8% 的盐溶液中，经 6～10 天的乳酸菌发酵制作成酱腌菜和泡菜保藏[6]。蔬菜发酵通常是基于自然发酵，高度依赖原料上的附生微生物，在发酵过程中，蔬菜组织中的硝酸盐被还原成亚硝酸盐，其浓度随时间上升达到最大值，即亚硝酸盐峰，然后降低[7,8]，残留的亚硝酸盐污染是该产品亟待解决的常见问题[9]。酱腌菜、泡菜和腌肉制品在贮藏过程中亚硝酸盐含量下降是一个众所周知的现象。许多研究者在研究了肉类中亚硝酸盐的化学反应后，认为亚硝酸盐浓度会降低是由于细菌的生长繁殖。Fournaud 和 Mocquot 等认为，某些乳酸杆菌具有亚硝酸盐还原酶系统，在厌氧条件下可以降解部分亚硝酸盐；Collins Thompson 和 Lopez 发现一些乳酸菌降低了肉汤培养物中亚硝酸盐的浓度，由此发现乳酸菌有助于消耗多种食品中的亚硝酸盐[8-10]。此外，研究表明，与自然发酵相比，接种发酵剂培养的蔬菜发酵可更有效地降低亚硝酸盐浓度[11-13]。

1.2 亚硝酸盐还原酶

亚硝酸盐还原酶（nitrite reductase，Nir）是将亚硝酸盐还原为 NO 或 NH_3 的一类还原酶。

1.2.1 亚硝酸盐还原酶降解亚硝酸盐途径

亚硝酸盐还原酶主要通过两种方式来降解周围环境中的亚硝酸盐，羟胺途径中还原成氨气和还原成氮气这两种是常见的作用方式。由于亚硝酸盐还原酶在脱氮反应中起到限速酶作用，它可以还原亚硝酸盐产生气态的产物，所以在脱氮反应过程中具有至关重要的作用[14]。脱氮过程是无氧呼吸的一种选择性类型，主要把氧化氮的混合物（硝酸盐或亚硝酸盐）变成 NO 或者 N_2，过程为 $NO_3^- \rightarrow NO_2^- \rightarrow NO \rightarrow N_2O \rightarrow N_2$。这一过程的第二步可以被亚硝酸盐还原酶催化生成脱氮反应中的第一种气态产物 NO。当环境中的亚硝酸盐浓度对本体产生毒害作用时，生物体可以利用亚硝酸盐还原酶有效地生产 NO，从而降低高浓度亚硝酸盐对细胞的毒害作用，这对于细胞的生存具有重大意义。由于反应中生成的 NO 对于细胞也具有一定的毒害作用，所以机体必须使其尽快转变为 N_2O，这样在整个脱氮反应机制中，调控亚硝酸盐的过程与一氧化氮还原酶作用的环节相结合就形成了脱氮过程的核心[15]。

1.2.2 亚硝酸盐还原酶的分类

亚硝酸盐还原酶分为 4 类：以 Cu 为辅基的铜型亚硝酸盐还原酶（Cu Nir）、以 cd1 为辅基的细胞色素 cd1 亚硝酸盐还原酶（cd1 Nir）、$nasB$ 编码的亚硝酸盐同化还原酶（nasB）和多聚血红素 C 亚硝酸盐还原酶（ccNir）[16]。Cu Nir 和 cd1 Nir 因为辅基不同所以氧化还原中心不同，在蛋白质结构上存在较大差异。在无氧条件下，这两类酶利用 NO_2^- 代替 O_2 作为电子受体，参与呼吸链中的氧化还原反应。另外的两类酶中 nasB 可将 NO_2^- 还原为 NH_4^+，然后被机体吸收利用合成需要的氨基酸，ccNir 与其不同的是其生成的 NH_4^+ 不被机体吸收，而是排放到细胞外[17]。

1.2.3 亚硝酸盐还原酶的功能

cd1 Nir 是来源于铜绿假单胞菌的一种功能性二聚体蛋白，具有 10 个 c 型封闭的血红素基团，在活性部位有一个不寻常的赖氨酸配位的高自旋血红素，该蛋白拥有两个大小相同的亚基，均为 60kDa，两个亚基各含有一个细胞色素 d1 和细胞色素 c[18]。在降解亚硝酸盐的氧化还原反应中，细胞色素 d1 利用细胞色素 c 接受电子，最终生成 NO。

Cu Nir 是一种由 3 个相同亚基组成的三聚体蛋白，3 个亚基均含有两种类型的铜原子[19]；其中Ⅰ型铜原子可以为氧化还原反应传递电子，Ⅱ型铜原子作为酶的催化活性中心[20]。研究表明，在有水存在的情况下 Cu Nir 的Ⅱ型铜原子催化效率很高，可快速将亚硝酸盐还原成 NO 和 H_2O[21]。

nasB 是由三个结构域构成的大小为 60kDa 的球状蛋白，该蛋白结构域中的 Siroheme 和 4Fe-4S 两个辅基参与氧化还原反应[22]，在反应中 nasB 作为电子供体将 6 个电子传递到辅基部位，将 NO_2^- 还原成 NH_4^+[23]，NH_4^+ 被机体吸收利用参与必要氨基酸的合成。

ccNir 是一种存在于细胞质膜上，由 61kDa 的 NrfA 和 19kDa 的 NfH 两种亚基组成的复合酶，该酶的两个亚基都含有细胞色素 c，NrfA 亚基是反应的催化活性中心，NfH 亚基主要负责电子的传递，能将细胞膜上的电子传递到 NrfA 亚基上，从而使 NO_2^- 还原成 NH_4^+[24]。

1.3 植物乳杆菌

植物乳杆菌是一种革兰阳性、无孢子形成、兼性厌氧细菌，细胞形态具有多样性，一般呈直或弯的杆状，可单个存在，有时成对或成链状分布，是一种大量存在于人体胃肠道的益生菌，同时也广泛存在于生态环境中，可用于发酵保存各种食品[25]，尤其是蔬菜、肉制品、乳制品和葡萄酒。实验室一般使用含有多种碳源、氮源以及金属离子的 MRS（de Man，Rogosa and Sharp）培养基培养植物乳杆菌，其最适生长温度在 30～35℃，最适 pH 在 6.5 左右。

1.3.1　植物乳杆菌的功能

研究表明，植物乳杆菌作为肠道益生菌具有多种益生功能，如调节肠道微生物平衡、维持肠道健康、参与免疫系统调节、缓解各种慢性代谢疾病、阻碍致病菌感染、降低胆固醇和血压、增强机体抗氧化和调节神经系统等，在食品工业生产、动物饲料和医疗保健等行业有着极大的应用价值[26,27]。

植物乳杆菌可促进多种糖类和肽的吸收利用以及大多数氨基酸的形成，其编码表面蛋白的大量基因（217 个预测蛋白）中的部分基因与有预测功能的蛋白质具有同源性，如黏液结合、促进聚集和细胞间黏附等[28]，可识别环境中的某些成分或与之结合时发挥作用，所以可能含有大量的细胞表面锚定蛋白与许多不同的表面和潜在的生长基质相结合，此外，编码调控功能的基因数量相对较多，也表明其能够适应许多不同的生长条件，这些均反映了植物乳杆菌能在各种生态环境中生长的潜力。

1.3.2　植物乳杆菌的脱氮能力

研究表明，在微生物中，硝酸盐可经反硝化途径生物合成 NO[29]，其中部分植物乳杆菌在厌氧条件下可将硝酸盐还原为亚硝酸盐和 NO[30]。植物乳杆菌降解亚硝酸盐的机理是通过代谢产生亚硝酸盐还原酶将亚硝酸盐还原成 NO，然后再还原为 N_2O，分析植物乳杆菌 Nir 显示其有含铜（Cu Nir）和含血红素作为辅助因子（cdr Nir）这两类酶[31]。

1.3.3　植物乳杆菌在酱腌菜和泡菜中的应用

酱腌菜和泡菜是一类利用蔬菜添加一定香料在室温下发酵制成的含有高浓度硝酸盐和亚硝酸盐的传统食品[32,33]，由于含有高亚硝酸盐，泡菜在生产和储存过程中可能会形成 N-亚硝基二甲胺[34]，对人体产生危害。

酱腌菜和泡菜在制作过程中同时会滋生很多细菌，有些是可导致食物腐烂的细菌如肉毒杆菌和金黄色葡萄球菌，有些是可改变泡菜风味口感，维持泡菜酸性环境的益生菌如乳酸菌群。在制作的经验积累与研究中发现植物乳杆菌是酱腌菜和泡菜中的常见菌，其能降解酱腌菜和泡菜环境中的亚硝酸盐，减少亚硝胺等致癌物质的产生。

目前在酱腌菜和泡菜的制作过程中可以适量添加植物乳杆菌进行发酵，不仅能使泡菜的香气、色泽、质地、风味等达到最佳状态，还能缩短发酵时间，减少成本，但是植物乳杆菌添加量超过 1% 会导致食物过酸，口感不佳。

1.3.4　植物乳杆菌 WU14

植物乳杆菌 WU14 分离自江西省三江镇盐腌菜。笔者所在团队自 2010 年开始研究该菌以来，经过深入挖掘，发现该菌具有极其丰富的优良特性和应用潜质。通过基因组和转录组分析发现其具有独特的功能酶和代谢途径，该菌株不仅生长速率快、菌量和产酸高，而且能高效降解亚硝酸盐，并可利用 L-阿拉伯糖异构酶（L-arabinose isomerase，L-AI）高效生物转化生产 D-塔格糖（D-tagatose），同时发现了 WU14 具有 8 个糖苷水解酶 1 家族（GH1）的 6-磷酸-β-葡萄糖苷酶（植物乳杆菌中该类糖苷酶鲜有报道）。本团队围绕该菌的亚硝酸盐降解遗传基础及表达调控和 L-AI 高效生物转化生产 D-塔格糖等方面开展了深入研究，取得了大量有价值的科学成果。

1.4　细菌氮代谢研究

1.4.1　调控因子与启动子的相互作用

多数细菌的启动子是由几个转录因子调节的，它们有多个结合位点与不同转录因子结合，研究者对少数复合启动子的研究揭示了多种转录因子的作用机制。

研究显示，启动子的激活主要有两种机制：大多数激活蛋白是通过与细菌 RNA 聚合酶直接相互结合而发挥作用，RNA 聚合酶将激活蛋白招募到目标启动子上，调控因子激活启动子开始转录[35]，这类激活剂的最佳例子常见有噬菌体 λ cI 蛋白和大肠杆菌环腺苷酸受体蛋白[36]；其余少数激活剂使用第二种替代机制，它们通过改变启动子 DNA 的构象来发挥作用，从而使启动子更好地被 RNAP 识别[37,38]，这类激活剂多数是 MerR 家族的蛋白。

大多数转录激活因子通过与其目标启动子转录起始位点的上游结合而发挥作用，这种直接通过蛋白质-蛋白质相互作用招募 RNA 聚合酶的激活剂分为两类：Ⅰ类激活剂与上游位置的结合位点通常靠近 −61、−71、−81 或 −91，并通过与 RNA 聚合酶的羧基末端结构域直接相互作用而发挥功能，这种相互作用将促肾上腺皮质激素和其他 RNA 聚合酶招募到启动子[39]，激活剂结合在受 Ⅰ类激活的启动子上的位置是可变的，这是因为促肾上腺皮质激素和氨基末端结构域之间的连接物足够灵活，允许促肾上腺皮质激素在不同位置结合；Ⅱ类激活剂结合到与目标启动子－35 区域重叠的位点上，并且在大多数情况下，通过与 RNA 聚合酶 σ 亚基的结构域直接相互作用来激活转录[40]，由于 σ 域的位置限制，无法更改 Ⅱ 类激活剂的绑定位置。在某些情况下，通过 Ⅱ 类机制发挥作用的激活剂也可以与促肾上腺皮质激素进行接触[41]，研究得最好的案例是环腺苷酸受体蛋白，它可以通过 Ⅰ 类或 Ⅱ 类两种机制发挥作用[42]。

目前对转录激活机制的了解大部分来自于对简单启动子的研究，如大肠杆菌环腺苷酸受体蛋白依赖的 lac 和 gal 启动子、细菌性 l-Prm 启动子和 MerR 依赖的 Tn21/Tn501-merP 启动子，但许多激活依赖的启动子要复杂得多，它们由阻遏物或第二激活剂（或两者）共同调节[43]。

1.4.2　GlnR 调控因子

细菌代谢的有效性和适应性是众所周知的，它们进化出复杂的连锁的调控网络以应对几乎你能想象的任何环境条件。为了能快速恰当地做出响应，细菌必须紧密监测必要营养的可利用性，比如碳源、氮源、磷、硫、微量元素、阳离子和阴离子。细菌通过监测营养的胞外浓度、胞内累积以及胞内的流动，把这些信号传递到调控蛋白以做出响应[44]。

在很多革兰阳性细菌的基因组中，都存在 glnR 基因，其编码的蛋白 GlnR 是一种转录调控因子。GlnR 最初是在天蓝色链霉菌中被鉴定，它能使谷氨酰胺营养缺陷型回复成野生型[45]。研究证实 GlnR 不仅在氮代谢的调控中扮演着重要角色，也与磷酸代谢、抗生素合成等次级代谢途径以及细菌毒性存在交叉调控[46-48]。目前，已有大量针对 GlnR 转录调控因子的研究。相关研究发现，在很多菌属（枯草芽孢杆菌、拟无枝菌酸菌、谷氨酸棒状杆菌、天蓝色链霉菌和耻垢分枝杆菌等）中，GlnR 是氮代谢调控的一个全局性转录调控因子，它对很多参与氮代谢的基因都有调控作用。氮代谢途径的相关基因中，glnA、gdhA、glnPQ、amtB、nirBD、ureA、glnK、glnD 等均受 GlnR 的调控[49,50]。

（1）GlnR 在不同细菌氮代谢调控中的作用　氮源是细菌生存最重要的元素之一，氮源的有效吸收和同化是所有细菌共同的挑战。细菌进化出许多机制吸收各种各样的氮源[51]。氮源同化、吸收和无机氮源掺入细胞代谢物，是几乎所有细菌的重要生理过程。不同氮源经过同化，形成细胞内重要氮素来源的两种氨基酸，即谷氨酰胺和谷氨酸。铵几乎总是首选氮源，因为它能直接被同化成生物合成反应的关键氮素，即谷氨酰胺和谷氨酸。细菌存在两条铵同化途径，即谷氨酸脱氢酶途径和谷氨酰胺合成酶/谷氨酸合成酶途径[52,53]。谷氨酰胺合成酶是氮代谢调控中的关键酶，其活力受到严格的调控，以保证谷氨酰胺的供应不会受到细胞可利用氮源的影响。

最初的氮代谢调控研究是在肠杆菌中进行的，多年以来肠杆菌的氮代谢调控一直是原核生物氮源调控的范例，而现在对枯草芽孢杆菌和链霉菌属的氮代谢调控研究得也比较清楚。微生物的氮代谢调节机制差异很大，但大部分微生物有着共同之处，即氮代谢调控都是由一个全局性转录调控蛋白介导。GlnR 就是这样一个全局性转录调控蛋白，它属于螺旋-转角-螺旋 OmpR 家族。革兰阴性肠杆菌中并不存在 GlnR 同源物，它们可以通过双元件系统调控谷氨酰胺合成酶的翻译，并通过可逆共价修饰调节谷氨酰胺合成酶的酶活[54]。同样，在革兰阳性梭菌属中也未发现 GlnR，它们通过反义 RNA 调节谷氨酰胺合成酶的水平[55,56]。

枯草芽孢杆菌是低 G+C 含量革兰阳性菌最突出的模式菌株，其中至少存在 3 个调控蛋白 CodY、GlnR 和 TnrA 调控氮代谢相关基因的表达[57]。GlnR 和 TnrA 是 MerR 家族转录因子的主要成员，能识别相同的操纵子序列：$5'-TGTNAN_7TNACA-3'$[58-61]。枯草芽孢杆菌没有谷氨酸脱氢酶活性，只能通过谷氨酰胺合成酶/谷氨酸合成酶途径吸收铵。枯草芽孢杆菌的谷氨酰胺合成酶活力受反馈调节，glnR 直接位于 glnA 上游，是双顺反子 glnRA 操纵子的一部分，GlnR 具有一个 α-螺旋-转角-螺旋结构域，形成二聚体并结合到 glnRA 操纵子的 glnRA01 和 glnRA02 上，在氮源丰富时抑制 glnRA 的转录[60,61]。氮源贫乏时（如谷氨酸作为唯一氮源），TnrA 对 glnRA 操纵子有负调控作用。氮源丰富时，GlnR 也能抑制脲酶操纵子 ureABC、tnrA 基因以及几个受 TnrA 调控的基因的表达。TnrA 和 GlnR 不仅调控了自身的表达，还彼此相互调节[62]。GlnR 通过与谷氨酰胺合成酶相互作用，间接感应谷氨酰胺浓度，调节自身活性。尽管 GlnR 和 TnrA 识别相同的序列，但有些 TnrA 激活的基因却不受 GlnR 调控，这可能是由于 GlnR 对包含两个 GlnR/TnrA 识别位点的 DNA 有较高的亲和性[10,18]。

放线菌能产生大量具有重要生物活性的次级代谢产物，是商业酶和药物的生产菌。GlnR 在放线菌氮代谢相关基因的表达调控中起着重要作用，包括天蓝色链霉菌[63]、地中海拟无枝菌酸菌[64]、耻垢分枝杆菌[49] 和人源肺结核杆菌[65]。天蓝色链霉菌是产抗生素链霉菌属的模式菌，与枯草芽孢杆菌不同的是，它的 GlnR 是属于 OmpR 家族的转录因子，是细菌双组分系统典型的应答调控蛋白，不能调控自身的表达，据推测 GlnR 活性受一个未知的组氨酸激酶的磷酸化作用调节。氮源受限时，GlnR 能激活天蓝色链霉菌铵同化相关基因的表达，包括分别编码谷氨酰胺合成酶同工酶 GS I 和 GS II 的 glnA 和 gln II 基因，以及编码氨转运蛋白的 amtB 基因。天蓝色链霉菌还存在一个与 GlnR 很相似的 OmpR 家族调控蛋白 GlnR II，与 gln II 相邻，GlnR II 能与 gln II 上游序列相互作用。GlnR II 能识别大部分 GlnR 的靶标基因，glnR 的缺失导致天蓝色链霉菌的谷氨酰胺营养缺陷型，而 glnR II 缺失突变株仍能在不含谷氨酰胺的最低限度培养基生长，GlnR II 在氮代谢中的作用目前还不清楚[66]。Tiffer 等[67] 通过生物信息学手段搜寻包含相同 GlnR 结合序列的启动子，结合体外实验，在天蓝色链霉菌中发现 10 个新的 GlnR 靶标，包括硝酸、尿素等多种氮源同化的基因和一些功能未知的基因。有趣的是，GlnR 对其中一些靶标基因也有负调控作用，包括 *gdhA*、*ureA* 和其他一些功能未知推定的基因。最近，天蓝色链霉菌中的硝酸盐还原酶编码基因 *nasA* 也被发现受到 GlnR 的调控，但 GlnR 识别序列与之前发现的稍有不同[68]。分枝杆菌中，GlnR 类似蛋白可以激活 *amt1* 基因、*amtB-glnK-glnD* 操纵子和 *glnA* 基因的表达，氮源受限时抑制亚硝酸盐还原酶基因 *nirB* 的表达。

乳酸乳球菌是低 G+C 含量革兰阳性菌的模式菌株之一，由于具有多种氨基酸营养缺陷型[69,70]，关于其谷氨酰胺和谷氨酸代谢调控的研究相对较少，因此我们对其氮代谢了解并不多。Rasmus Larsen 等[71] 通过构建乳酸乳球菌 *glnR* 缺失突变株结合 DNA 微阵列的方法，在乳酸乳球菌中发现 10 个 GlnR 靶标，其中包括三个直接靶标 *glnRA* 操纵子、推定的铵转运及感应操纵子 *amtB-glnK* 和谷氨酰胺/谷氨酸 ABC 转运蛋白编码基因 *glnPQ*。乳酸乳球菌 *glnR* 缺失突变株中 *glnA*、*amtB-glnK* 操纵子的表达被高度抑制，*amtB-glnK* 启动子−35 区上游的 GlnR 盒对 GlnR 介导的抑制作用极为重要。在乳酸乳球菌中，GlnR 和另外一个全局调控蛋白 CodY 在氮代谢调控中均起重要作用，CodY 在氮源丰富时可能接管 GlnR 对 *amtB-glnK* 的调控。乳酸乳球菌的 GlnR 识别与枯草芽孢杆菌的 GlnR/TnrA 相同的转录操纵子序列，但二者只有一个共同的 GlnR 靶标，即 *glnRA* 操纵子，而乳酸乳球菌中受 GlnR 调控的 *glnPQ* 基因在枯草芽孢杆菌中受 TnrA 调控[49,60,61]。因此，尽管乳酸乳球菌和枯草芽孢杆菌中的 GlnR 功能相似，但乳酸乳球菌的 GlnR 具有不同于枯草芽孢杆菌的氮代谢调控方式。

低 G+C 含量革兰阳性致病菌肺炎链球菌中，GlnR 识别并结合与枯草芽孢杆菌相同的保守的操纵子序列，调控 *glnRA* 和 *glnPQ-zwf* 操纵子及谷氨酸合成酶编码基因 *gdhA* 的表达。GlnR 靶位在 *glnA* 突变株中被抑制，说明 GlnR 的调控依赖于谷氨酰胺合成酶[72,73]。Schreier[48] 等通过回补金黄色葡萄球菌的 *glnR* 到枯草芽孢杆菌 *glnR* 缺失突变株，发现金黄色葡萄球菌的 GlnR 与枯草芽孢杆菌 GlnR 有相似的功能，可以想象金黄色葡萄球菌中氮代谢基因同样受到类似的 GlnR 介导的调控作用。

(2) GlnR 与细菌其他代谢途径的交叉调控　GlnR 不仅参与细菌的氮代谢调控，同时也与细菌的其他多种代谢途径存在交叉调控。Rui Wang 等[47] 发现天蓝色链霉菌的双组分系统 AfsQ1/Q2，是抗生素合成和形态分化的一个多效性调节子。AfsQ1/Q2 通过直接激活代谢途径特异性基因 *actII-ORF4*、*redZ* 和 *cdaR* 的表达，刺激放线菌紫素、十一烷基灵菌红素和钙依赖抗生素的合成。AfsQ1/Q2 同时也是氮源同化的阻遏物，抑制 GlnR 靶标 *glnA*、*amtB* 和 *ureA* 的表达，并且可以与 GlnR 竞争结合 *glnA* 和 *nirB* 的启动子，而 GlnR 也可以与 *actII-ORF4*、*redZ* 和 *cdaR* 基因各自的启动子结合，说明 AfsQ1/Q2 和 GlnR 在氮代谢中存在交互调控作用。PhoR/P 是磷酸代谢的全局转录调控因子，磷酸受限时，PhoP 通过竞争结合启动子上的重叠识别位点，可以直接抑制 *glnR* 及 GlnR 靶标基因 *glnA*、*glnII* 和 *amtB* 的转录。PhoR/P 介导的磷酸代谢调控和 GlnR 介导的氮代谢调控也存在交叉调控[74]，GlnR 的调控作用已经超出初级氮代谢。Hao Yu 等[64, 75] 发现地中海拟无枝菌酸菌在没有硝酸盐存在时，GlnR 抑制利福霉素的合成，将地中海拟无枝菌酸菌的 *glnR* 转入亲缘关系较近的天蓝色链霉菌，研究表明 GlnR 广泛参与到宿主菌的次级代谢调控中。因此，在地中海拟无枝菌酸菌中，GlnR 是氮代谢和相关抗生素合成的双功能调控蛋白。

氮源受限时，枯草芽孢杆菌可以启动嘌呤降解途径以获得充足氮源，脲酶操纵子 *ureABC* 的激活保证了嘌呤被彻底降解成铵[76]。Jaclyn 等[77] 首次发现在枯草芽孢杆菌中，脲酶操纵子的表达同时受到 GlnR 介导的调控和嘌呤转运降解途径酶的调控。Fisher 和 Wray 发现在枯草芽孢杆菌中，GlnR 的抑制作用依赖于谷氨酰胺合成酶的反馈抑制作用，FBI-GS 可以激活 GlnR 与 DNA 的结合并稳定 GlnR-DNA 复合物[78]。Tomas 等[72] 发现革兰阳性致病菌肺炎链球菌中，GlnR 抑制戊糖磷酸途径代谢酶 Zwf 编码基因的表达。GlnR 的调控作用依赖于 GlnA，并且 *glnA* 和 *glnP* 缺失突变株对 Detroit 562 人类咽喉上皮细胞黏着性显著降低，表明这些基因影响了肺炎链球菌在宿主中的定植。这也间接证明 GlnR 在肺炎链球菌毒性发挥中扮演着重要角色。耐酸性应激效应是链球菌突变株的一个主要毒性特征。*citB* 基因编码的蛋白酶，参与柠檬酸代谢途径中催化丙酮酸转化成 α-酮戊二酸的反应，α-酮戊二酸为谷氨酸和谷氨酰胺提供碳骨架。Chen 等[79] 发现中性 pH 条件下，*citB* 的表达被 GlnR 抑制，酸性处理 30min 后，这种抑制作用更为明显。酸性处理 45min 后，GlnR 缺失突变株的存活率比野生型低 10 倍以上，回补后突变株的存活率恢复到和野生型一样，表明链球菌突变株的最佳耐酸性应激效应需要 GlnR。Castellen 等[80] 发现链球菌属中氮代谢的 P II 型信号蛋白 GlnK 可以与 GlnR 相互作用，增加 GlnR 与 DNA 的亲和性。

高通量技术的应用，如蛋白质组技术、DNA 芯片技术等，为理清全局调控网络之间的复杂关系提供了有效手段。随着更多细菌基因组测序的完成，结合强有力的生物信息学预测手段，越来越多的 GlnR 靶标被发现，其中不乏间接靶标，但是 GlnR 对这些靶标基因的间接调控作用有待于进一步的研究。天蓝色链霉菌中，新 GlnR 结合顺式作用元件的发现[68]，也为搜寻 GlnR 靶标基因提供了新的思路。随着研究不断深入，越来越多的氮代谢相关基因被发现受 GlnR 的调控，GlnR 的调控作用甚至与细菌毒性、次级代谢、磷酸盐同化等方面均有关[47]。深入研究 GlnR 在其他代谢途径中的作用，对进一步阐述 GlnR 参与次级代谢活性产物、细菌形态分化、细菌毒性等的调控具有重要的意义。

1.4.3 Fnr 调控因子

延胡索酸和硝酸盐还原反应蛋白（fumarate and nitrate reduction reaction protein，Fnr）是一种全局性转录因子，属于调控因子大家族中的一员，可调节生理变化，以应对各种环境和代谢挑战[81]。编码 Fnr 的基因最初是由 John Guest 等在 20 世纪 70 年代中期进行富马酸盐和硝酸盐还原的突变体鉴定工作时发现的[82]。Fnr 被证明是大肠杆菌厌氧代谢的全局性调节因子，控制着多达 125 个基因的合成[83]，对厌氧呼吸产生能量所需酶的合成有积极的调节作用[84,85]，这些酶包括用于碳源厌氧氧化的酶（如甘油和甲酸脱氢酶）、用于交替末端电子受体厌氧还原的酶（如硝酸盐、富马酸盐和二甲基亚砜还原酶）以及用于碳源或电子受体转运的蛋白质。Fnr 还抑制有氧呼吸所需酶的合成（如 NADH 脱氢酶Ⅱ），因此富马酸盐、硝酸盐或其他可还原化合物可以取代氧作为末端电子受体形成一个电子传递链替代氧化磷酸化产生能量。

Fnr 与大肠杆菌环腺苷酸受体蛋白一样，是结构相关转录因子[86] 扩展家族的一个关键成员。环腺苷酸受体蛋白的原型结构经折叠形成了一个多功能系统，用于将环境或代谢信号转化为生理反应[84,86,61]。Fnr 和环腺苷酸受体蛋白序列同源性较高，由两个不同的结构域组成，提供了 DNA 结合和识别功能[87-89]，C-末端 DNA 结合域内的特异性结合序列识别控制启动子[90,91]，N-末端识别结构域含有 5 个半胱氨酸残基，其中 4 个（Cys-20、Cys-23、Cys-29 和 Cys-122）与 $[4Fe-4S]^{2+}$ 或 $[2Fe-2S]^{2+}$ 集群[91-93] 的结合是不可缺少的，在厌氧条件下 Fnr 通过获得一个 $[4Fe-4S]^{2+}$ 簇[92-95] 被激活，从而促进二聚化作用并增强与目标启动子的特异性 DNA 位点结合[96,97]。

1.4.4 Fnr 调控因子对细菌氮代谢的调控

自从研究报道大肠杆菌可产 NO[98] 以来，许多研究表明几种蛋白质功能与一氧化氮产生和亚硝化作用紧密相关[99,100]，其中大肠杆菌的黄素血红蛋白 Hmp 受到全局性 O_2 调节因子 Fnr 和 MetR 的调控[81,101]，在有氧和无氧条件下均可被亚硝酸盐和 NO 诱导[102]，*nrfA* 编码的细胞色素 c 亚硝酸盐还原酶参与了 NO 的产生，在缺乏黄色素 *Hmp*、*narG* 编码的硝酸还原酶或全局性调节因子 Fnr 的突变体中均没有 NO 的产生。研究表明 NO 也可调节 *fnr* 的表达，Fnr 对细菌的全局性基因调控具有重要意义[103]。

1.4.5 luxS 和 HK 等全局性调控因子对亚硝酸盐代谢的调控

植物乳杆菌降解亚硝酸盐的能力受多种环境因素的影响，研究发现包括乳酸菌在内的许多细菌为了适应环境因素对自身的影响进化出多种调控系统，其中全局性转录因子对胞内多种相关基因进行调节，形成了一个庞大的调控网络，亚硝酸盐代谢在整个调控网络中受到多个转录因子的调控，除了 Fnr 和 GlnR，还受到 luxS 和 HK 等转录因子的调控。细菌中的信号分子 AI-2 关键合成酶受到 luxS 的调控，luxS 扮演着代谢调控和信号传递的双重角色，在植物乳杆菌中影响着 Nir 的表达；二元信号系统分为感应元件组氨酸激酶和应答调节蛋白，组氨酸激酶感应环境的变化，应答调节蛋白作出相应的应对，研究表明二元信号 HK4-RR4 和 HK6-RR6 可能对乳酸菌的氮代谢起到调控作用[104]。

1.5　植物乳杆菌遗传转化体系

1.5.1　国内外研究进展

乳酸菌用于各种食品工业产品生产中，植物乳杆菌常用作多种发酵食品和饲料产品（如香肠、奶酪、发酵蔬菜和青贮饲料）的发酵剂，并具有益生功能，因此通过基因改造引入新的性状以提高植物乳杆菌菌株的产品质量和安全性具有远大前景。

乳酸杆菌作为食品级细胞工厂和蛋白质（如抗原、抗体和生长因子）的运载工具具有巨大潜力，植物乳杆菌基因改造的目的是赋予其食品和饲料接种剂的相关功能或重要的医学特性[105-108]，在食品级克隆策略中，无载体染色体整合技术由于引入修饰的稳定性和克隆系统的简单性而更为可取。

最近，开发了一种基于启动子和调控基因的植物乳杆菌质粒诱导表达系统，这些启动子和调控基因参与了Ⅱ类细菌 sakacin A 和 sakacin P 的生产[109,110]。

Cre 重组酶的大小为 38kDa，属于特异性位点重组酶的整合酶家族，催化两个识别位点（loxP）之间的辅因子独立重组。loxP 位点的 34bp 由一个 8bp 的不对称核间隔区和两个 13bp 的回文侧翼序列[111,112]组成，当 loxP 位点聚合定向时，一个位于该位点侧翼的 DNA 序列被切除，而当 loxP 位点分散定向时，该序列被反转。山东大学祁庆生教授结合 loxP/Cre 系统，建立了植物乳杆菌无痕敲除方法，这种方法可以快速筛选突变株，有助于在实验室了解益生菌的生理功能。

1.5.2　工业应用

乳酸杆菌具有丰富的系统发育多样性，其中植物乳杆菌具有大基因组，极具生态灵活性[113]。随着代谢工程和合成生物学的发展以及植物乳杆菌遗传转化体系的建立，许多植物乳杆菌被用作细胞工厂生产增值[114]。除此之外，构建植物乳杆菌遗传转化体系可实现其基因编辑技术的关键性进展，在此基础上人们还研发出了各种植物乳杆菌基因敲除方法和食品级植物乳杆菌的无痕敲除技术。

参考文献

［1］ Honikel K O. The use and control of nitrate and nitrite for the processing of meat products ［J］. Meat Science，2008，78(1-2)：68-76.

［2］ 丁之恩. 亚硝酸盐和亚硝胺在食品中的作用及其机理 ［J］. 安徽农业大学学报，1994(2)：199-205.

［3］ 胡荣梅，马立珊. N-亚硝化合物分析方法 ［M］. 北京：科学出版社，1980.

［4］ Majumdar D. The Blue Baby Syndrome ［J］. Resonance，2003，8(10)：20-30.

［5］ 陈明造. 肉品加工理论与应用 ［M］. 台北：艺轩图书出版社，1983.

［6］ Yan P M，Xue W T，Tan S S，et al. Effect of inoculating lactic acid bacteria starter cultures on the nitrite concentration of fermenting Chinese paocai ［J］. Food Control，2008，19(1)：0-55.

［7］ Spoelstra F. Nitrate in silage ［J］. Grass & Forage Science，1985，40(1)：1-11.

［8］ Park K Y，Cheigh H S. Kimchi and nitrosamines ［J］. Journal of the Korean Society of Food Science and Nutrition，1992，21(1)：109-116.

［9］ Barrangou R，Yoon S S，Breidt F，et al. Identification and characterization of *Leuconostoc fallax* strains isolated from an industrial sauerkraut fermentation ［J］. Applied and Environmental Microbiology，2002，68(6)：2877-2884.

［10］ Oh C K，Oh M C，Kim S H. The depletion of sodium nitrite by Lactic Acid Bacteria isolated from Kimchi ［J］. Journal of Medicinal Food，2004，7(1)：38-44.

［11］ Lihua F. Study on the Lactic Acid fermentation of tomato juice ［J］. Food and Fermentation Industries，1991，2(1)：113-121.

［12］ Feng L，Xingming Y，Qingmei L，et al. Study on the control of nitrite content in the pickled of potherb mustard ［J］. Journal of Chinese Institute of Food Science & Technology，2004，1(7)：109-115.

［13］ Min Y X，Mei L Q，Yuan X X，et al. Effects of fermentation inoculated *Lactobacillus* on quality and nitrite content of Chinese sauerkraut ［J］. Journal of Zhejiang Agricultural University，2003，29(3)：291-294.

［14］ 周通，徐波. 乳酸菌亚硝酸还原酶代谢 ［J］. 江西科学，2014，32(2)：140-142.

［15］ Saunders N F W，Ferguson S J，et al. Transcriptional analysis of the *nirS* gene, encoding cytochrome cd1 nitrite reductase, of *Paracoccus pantotrophus* LMD 92.63 ［J］. Microbiology，2000，146：509-516.

［16］ 邓熙，林秋奇，顾继光. 广州市饮用水源中硝酸盐亚硝酸盐含量与癌症死亡率联系 ［J］. 生态科学，2004，23(1)：38-41.

［17］ Pratscher J，Stichternoth C，Fichtl K，et al. Application of recognition of individual genes-fluorescence in situ hybridization (RING-FISH) to detect nitrite reductase genes (nirK) of denitrifiers in pure cultures and environmental samples [J]. Applied & Environmental Microbiology, 2009, 75(3): 802-810.

[18] Olmo-Mira M F, Cabello P, Pino C, et al. Expression and characterization of the assimilatory NADH-nitrite reductase from the phototrophic bacterium *Rhodobacter capsulatus* E1F1 [J]. Archives of Microbiology, 2006, 186(4): 339-344.

[19] Moura I, Moura J J. Structural aspects of denitrifying enzymes [J]. Current Opinion in Chemical Biology, 2001, 5(2): 168-175.

[20] Nurizzo D, Silvestrini M C, Mathieu M, et al. N-terminal arm exchange is observed in the 2.15 A crystal structure of oxidized nitrite reductase from *Pseudomonas aeruginosa* [J]. Structure, 1997, 5(9): 1157-1171.

[21] Koebke K, Yu F, Salerno E, et al. Modifying the sterics in the second coordination sphere of designed peptides leads to enhancement of nitrite reductase activity [J]. Angewandte Chemie (International Ed. in English), 2018, 57(15): 3954-3957.

[22] Hough M A, Eady R R, Hasnain S S. Identification of the proton channel to the active site type 2 Cu center of nitrite reductase: structural and enzymatic properties of the His254Phe and Asn90Ser mutants [J]. Biochemistry, 2008, 47(51): 13547-13553.

[23] 胡朝松, 李春强, 廖文彬, 等. 铜型亚硝酸还原酶的电子传递模式及催化机理研究进展 [J]. 微生物学通报, 2008, 35(7): 1136-1142.

[24] Gardner A M, Cook M R, Gardner P R. Nitric-oxide dioxygenase function of human cytoglobin with cellular reductants and in rat hepatocytes [J]. Journal of Biological Chemistry, 2010, 285(31): 23850-23857.

[25] Haberer P, Björkroth J, Geisen R, et al. Taxonomy and important features of probiotic microorganisms in food and nutrition [J]. American Journal of Clinical Nutrition, 2001, 73(2): 365S-373S.

[26] 武万强, 王琳琳, 赵建新, 等. 植物乳杆菌生理特性及益生功能研究进展 [J]. 食品与发酵工业, 2019, 45(1): 1-13.

[27] 肖仔君, 钟瑞敏, 陈惠音, 等. 植物乳杆菌的研究进展 [J]. 现代食品科技, 2004, 20(z1): 84-86.

[28] Kleerebezem M, Boekhorst J, Van K R, et al. Complete genome sequence of *Lactobacillus plantarum* WCFS1 [J]. Proceedings of the National Academy of Sciences of the United States of America, 2003, 100(4): 1990-1995.

[29] Verstraete W, Focht D D. Biochemical ecology of nitrification and denitrification [J]. Advances in microbial ecology. Boston, MA: Springer, 1977: 135-214.

[30] Wolf G, Arendt E K, Ute Pfähler, et al. Heme-dependent and heme-independent nitrite reduction by lactic acid bacteria results in different N-containing products [J]. International Journal of Food Microbiology, 1990, 10(3-4): 323-329.

[31] Francesca C. Bacterial nitric oxide synthesis [J]. Biochimica et Biophysica Acta, 1999, 1411(2-3): 231-249.

[32] Jeong S H, Lee H J, Jung J Y, et al. Effects of red pepper powder on microbial communities

and metabolites during kimchi fermentation [J]. International Journal of Food Microbiology, 2013, 160(3): 252-259.

[33] Kim S H, Lee S J, Ha E S, et al. Effects of nitrite and nitrate contents of Chinese cabbage on formation of N-Nitrosodimethylamine during storage of kimchi [J]. Journal of the Korean Society of Food Science & Nutrition, 2016, 45(1): 117-125.

[34] Kim S H, Kang K H, Kim S H, et al. Lactic acid bacteria directly degrade N-nitrosodimethylamine and increase the nitrite-scavenging ability in kimchi [J]. Food Control, 2017, 71: 101-109.

[35] Browning D F, Busby S J W. The regulation of bacterial transcription initiation [J]. Nature Reviews Microbiology, 2004, 2(1): 57-65.

[36] Ptashne M, Gann A. Transcriptional activation by recruitment [J]. Nature, 1997, 386 (6625): 569-577.

[37] Brown N L, Stoyanov J V, Kidd S P, et al. The MerR family of transcriptional regulators [J]. FEMS Microbiology Reviews, 2003, 27(2-3): 145-163.

[38] Heldwein E E, Brennan R G. Crystal structure of the transcription activator BmrR bound to DNA and a drug [J]. Nature, 2001, 409(6818): 378-382.

[39] Busby S, Ebright R H. Promoter structure, promoter recognition, and transcription activation in prokaryotes [J]. Cell, 1994, 79(5): 743-746.

[40] Dove S L, Darst S A, Hochschild A. Region 4 of σ as a target for transcription regulation: Region 4 of σ [J]. Molecular Microbiology, 2003, 48(4): 863-874.

[41] Rhodius V A, Busby S J. Positive activation of gene expression [J]. Current Opinion in Microbiology, 1998, 1(2): 152-159.

[42] Busby S, Ebright R H. Transcription activation by catabolite activator protein (CAP) [J]. Journal of Molecular Biology, 1999, 293(2): 199-213.

[43] Barnard A, Wolfe A, Busby S. Regulation at complex bacterial promoters: How bacteria use different promoter organizations to produce different regulatory outcomes [J]. Current Opinion in Microbiology, 2004, 7(2): 102-108.

[44] Fisher S H, Sonenshein A L. Control of carbon and nitrogen metabolism in *Bacillus subtilis* [J]. Annual Reviews of Microbiology, 1991, 45: 107-135.

[45] Wray L J, Atkinson M, Fisher S. Identification and cloning of the glnR locus, which is required for transcription of the glnA gene in *Streptomyces coelicolor* A3(2) [J]. Journal of Bacteriology, 1991, 173(22): 7351-7360.

[46] Wang Y, Cen X F, Zhao G P, et al. Characterization of a new GlnR binding box in the promoter of amtB in *Streptomyces coelicolor* inferred a PhoP/GlnR competitive binding mechanism for transcriptional regulation of amtB [J]. Journal of Bacteriology, 2012, 194 (19): 5237-5244.

[47] Wang R, Mast Y, Wang J, et al. Identification of two-component system AfsQ1/Q2 regulon and its cross-regulation with GlnR in *Streptomyces coelicolor* [J]. Molecular Microbiology, 2013, 87(1): 30-48.

[48] Schreier H J, Caruso S M, Maier K C. Control of *Bacillus subtilis* glutamine synthetase expression by glnR from *Staphylococcus aureus* [J]. Current Microbiology, 2000, 41 (6): 425-429.

[49] Johannes A, Tanja B, Aletta G. Nitrogen control in *Mycobacterium smegmatis*: nitrogen-dependent expression of ammonium transport and assimilation proteins depends on the OmpR type regulator GlnR [J]. Journal of Bacteriology, 2008, 190(21): 7108-7116.

[50] Tania A, Rachael J, Mike M. P$_{II}$ signal transduction proteins, pivotal players in microbial nitrogen control [J]. Microbiology and Molecular Biology Reviews, 2001, 65(1): 80-105.

[51] Merrick M J, Edwards R A. Nitrogen control in bacteria [J]. Microbiology Reviews, 1995, 59: 604-622.

[52] Reitzer L, Schneider B L. Metabolic context and possible physiological themes of sigma (54)-dependent genes in *Escherichia coli* [J]. Microbiology and Molecular Biology Reviews, 2001, 65(3): 422-444.

[53] Magasanik B. Genetic control of nitrogen assimilation in bacteria [J]. Annual Review of Genetics, 1982, 16: 135-168.

[54] Reitzer L J. Ammonia assimilation and the biosynthesis of glutamine, glutamate, aspartate, asparagine, L-alanine and D-alanine [J]. ASM Press, 1996: 391-407.

[55] Fierro-Monti I P, Reid S J, Woods D R. Differential expression of a *Clostridium acetobutylicum* antisense RNA: implications for regulation of glutamine synthetase [J]. Journal of Bacteriology, 1992, 174(23): 7642-7647.

[56] Woods D R, Reid S J. Regulation of nitrogen metabolism, starch utilisation and the beta-hbd-adh1 gene cluster in *Clostridium acetobutylicum* [J]. FEMS Microbiology Reviews, 1995, 17(3): 299-306.

[57] Fisher S H. Regulation of nitrogen metabolism in *Bacillus subtilis*: vive la difference! [J]. Molecular Microbiology, 1999, 32(2): 223-232.

[58] Wray L V, Ferson A E, Rohrer K, et al. TnrA, a transcription factor required for global nitrogen regulation in *Bacillus subtilis* [J]. Proceeding of the National Academy of Science of the United States of America, 1996, 93(17): 8841-8845.

[59] Wray L J, Zalieckas J M, Ferson A E, et al. Mutational analysis of the TnrA-binding sites in the *Bacillus subtilis* nrgAB and gabP promoter regions [J]. Journal of Bacteriology, 1998, 180(11): 2943-2949.

[60] Gutowski J C, Schreier H J. Interaction of the *Bacillus subtilis* glnRA repressor with operator and promoter sequences in vivo [J]. Journal of Bacteriology, 1992, 174(3): 671-681.

[61] Brown S W, Sonenshein A L. Autogenous regulation of the *Bacillus subtilis* glnRA operon [J]. Journal of Bacteriology, 1996, 178(8): 2450-2454.

[62] Wray Jr L V, Ferson A E, Fisher S H. Expression of the *Bacillus subtilis* ureABC operon is controlled by multiple regulatory factors including CodY, GlnR, TnrA, and Spo0H [J]. Journal of Bacteriology, 1997, 179(17): 5494-5501.

[63] Wray L J, Fisher S H. The *Streptomyces coelicolor* glnR gene encodes a protein similar to other bacterial response regulators [J]. Gene, 1993, 130(1): 145-150.

[64] Yu H, Peng W T, Liu Y, et al. Identification and characterization of glnA promoter and its corresponding trans-regulatory protein GlnR in the rifamycin SV producing actinomycete, *Amycolatopsis mediterranei* U32 [J]. Acta Biochimica et Biophysica Sinica (Shanghai), 2006, 38(12): 831-843.

[65] Malm S, Tiffert Y, Micklinghoff J, et al. The roles of the nitrate reductase NarGHJI, the nitrite reductase NirBD and the response regulator GlnR in nitrate assimilation of *Mycobacterium tuberculosis* [J]. Microbiology, 2009, 155(Pt4): 1332-1339.

[66] Fink D, Weissschuh N, Reuther J, et al. Two transcriptional regulators GlnR and GlnR II are involved in regulation of nitrogen metabolism in *Streptomyces coelicolor* A3(2) [J]. Molecular Microbiology, 2002, 46(2): 331-347.

[67] Tiffert Y, Supra P, Wurm R, et al. The *Streptomyces coelicolor* GlnR regulon: identification of new GlnR targets and evidence for a central role of GlnR in nitrogen metabolism in actinomycetes [J]. Molecular Microbiology, 2008, 67(4): 861-880.

[68] Wang J, Zhao G P. GlnR positively regulates nasA transcription in *Streptomyces coelicolor* [J]. Biochemical and Biophysical Research Communications, 2009, 386(1): 77-81.

[69] Chopin A. Organization and regulation of genes for amino acid biosynthesis in lactic acid bacteria [J]. FEMS Microbiology Reviews, 1993, 12(1-3): 21-37.

[70] Deguchi Y, Morishita T. Nutritional requirements in multiple auxotrophic lactic acid bacteria: genetic lesions affecting amino acid biosynthesis pathways in *Lactococcus lactis*, *Enterococcus faecium* and *Pediococcus acidilactici* [J]. Bioscience Biotechnology and Biochemistry, 1992, 56: 913-918.

[71] Larsen R, Kloosterman T G, Kok J, et al. GlnR-mediated regulation of nitrogen metabolism in *Lactococcus lactis* [J]. Journal of Bacteriology, 2006, 188(13): 4978-4982.

[72] Kloosterman T G, Hendriksen W T, Bijlsma J J. Regulation of glutamine and glutamate metabolism by GlnR and GlnA in *Streptococcus pneumonia* [J]. Journal of Biology Chemistry, 2006, 281(35): 25091-25109.

[73] Hendriksen W T, Kloosterman T G, Bootsma H J, et al. Site-Specific contributions of glutamine-dependent regulator GlnR and GlnR-regulated genes to virulence of *Streptococcus pneumonia* [J]. Infection and Immunity, 2008, 76(3): 1230-1238.

[74] Rodríguez-García A, Sola-Landa A, Apel K, et al. Phosphate control over nitrogen metabolism in *Streptomyces coelicolor*: direct and indirect negative control of glnR, glnA, glnII and amtB expression by the response regulator PhoP [J]. Nucleic Acids Research, 2009, 37 (10): 3230-3242.

[75] Yu H, Yao Y, Liu Y, et al. A complex role of Amycolatopsis mediterranei GlnR in nitrogen metabolism and related antibiotics production [J]. Archives of Microbiology, 2007, 188(1): 89-96.

[76] Beier L, Nygaard P, Jarmer H, et al. Transcriptional analysis of the *Bacillus subtilis*

PucR regulon and identification of a cis-acting sequence required for PucR-regulated expression of genes involved in purine catabolism [J]. Journal of Bacteriology, 2002, 184 (12): 3232-3241.

[77]　Brandenburg J L, Wray L V, Beier L, et al. Roles of PucR, GlnR, and TnrA in Regulating Expression of the *Bacillus subtilis* ure P3 Promoter [J]. Journal of Bacteriology, 2002, 184(21): 6060-6064.

[78]　Fisher S H, Wray L J. *Bacillus subtilis* glutamine synthetase regulates its own synthesis by acting as a chaperone to stabilize GlnR-DNA complexes [J]. Proceeding of the National Academy of Science of the United States of America, 2007, 105(3): 1014-1019.

[79]　Chen P M, Chen Y Y, Chia J S, et al. Role of GlnR in Acid-Mediated Repression of Genes Encoding Proteins Involved in Glutamine and Glutamate Metabolism in *Streptococcus mutans* [J]. Applied and Environment Microbiology, 2010, 76 (8): 2478-2486.

[80]　Castellen P, Pego F G, Portugal M E, et al. The *Streptococcus mutans* GlnR protein exhibits an increased affinity for the glnRA operon promoter when bound to GlnK [J]. Brazilian Journal of Medical and Biology Research, 2011, 44(12): 1202-1208.

[81]　Crack J C, Green J, Cheesman M R, et al. Superoxide-mediated amplification of the oxygen-induced switch from [4Fe-4S]to [2Fe-2S]clusters in the transcriptional regulator FNR [J]. Proceedings of the National Academy of Sciences, 2007, 104(7): 2092-2097.

[82]　Lambden P R, Guest J R. Guest. Mutants of *Escherichia coli* K12 unable to use fumarate as an anaerobic electron acceptor [J]. Journal of General Microbiology, 1976, 97(2): 145-160.

[83]　Sawers R G, Zenelein E, Bock A. Two-dimensional gel electrophoretic analysis of *Escherichia coli* proteins: influence of various anaerobic growth conditions and the fnr gene product on cellular protein composition [J]. Archives of microbiology, 1988, 149(3): 240-244.

[84]　Spiro S. The FNR family of transcriptional regulators [J]. Antonie van Leeuwenhoek, 1994, 66(1-3): 23-36.

[85]　Unden G, Becker S, Bongaerts J, et al. O_2-Sensing and O_2-dependent gene regulation in facultatively anaerobic bacteria [J]. Archives of Microbiology, 1995, 164(2): 81-90.

[86]　Heinz Körner, Sofia H J, Zumft W G. Phylogeny of the bacterial superfamily of Crp-Fnr transcription regulators: exploiting the metabolic spectrum by controlling alternative gene programs [J]. FEMS Microbiology Reviews, 2003, 27(5): 559-592.

[87]　Schultz S, Shields G, Steitz T. Crystal structure of a CAP-DNA complex: the DNA is bent by 90 degrees [J]. Science, 1991, 253(5023): 1001-1007.

[88]　Shaw D J, Rice D W, et al. Homology between CAP and Fnr, a regulator of anaerobic respiration in *Escherichia coli* [J]. Journal of Molecular Biology, 1983, 166(2): 241-247.

[89]　Guex N, Peitsch M C. Swiss-model and the Swiss-Pdb viewer: An environment for comparative protein modeling [J]. Electrophoresis, 1997, 18(15): 2714-2723.

[90]　Spiro S, Gaston K L, Bell A I, et al. Interconversion of the DNA-binding specificities of

two related transcription regulators，CRP and FNR [J]. Molecular Microbiology，1990，4(11)：1831-1838.

[91]　Green J，Sharrocks A D，Green B，et al. Properties of FNR proteins substituted at each of the five cysteine residues [J]. Molecular Microbiology，1993，8(1)：61-68.

[92]　Khoroshilova N，Popescu C，Munck E，et al. Iron-sulfur cluster disassembly in the FNR protein of *Escherichia coli* by O_2：[4Fe-4S] to [2Fe-2S] conversion with loss of biological activity [J]. Proceedings of the National Academy of Sciences of the United States of America，1997，94(12)：6087-6092.

[93]　Kiley Patricia J，Beinert Helmut. Oxygen sensing by the global regulator，FNR：the role of the iron-sulfur cluster [J]. Fems Microbiology Reviews，1998，22(5)：341-352.

[94]　Green J，Bennett B，Jordan P，et al. Reconstitution of the [4Fe-4S] cluster in FNR and demonstration of the aerobic-anaerobic transcription switch in vitro [J]. Biochemical Journal，1996，316(3)：887-892.

[95]　Crack J，Green J，Thomson A J. Mechanism of oxygen sensing by the bacterial transcription factor fumarate-nitrate reduction (FNR) [J]. Journal of Biological Chemistry，2003，279 (10)：9278-9286.

[96]　Khoroshilova N，Beinert H，Kiley P J. Association of a polynuclear iron-sulfur center with a mutant FNR protein enhances DNA binding [J]. Proceedings of the National Academy of Sciences of the United States of America，1995，92(7)：2499-2503.

[97]　Lazazzera B A，Bates D M，Kiley P J. The activity of the *Escherichia coli* transcription factor FNR is regulated by a change in oligomeric state [J]. Genes & Development，1993，7(10)：1993-2005.

[98]　Ji X B，Hollocher T C. Mechanism for nitrosation of 2，3-diaminonaphthalene by *Escherichia coli*：enzymatic production of NO followed by O_2-dependent chemical nitrosation [J]. Applied and Environmental Microbiology，1988，54(7)：1791-1794.

[99]　Poole R K，Hughes M N. New functions for the ancient globin family：bacterial responses to nitric oxide and nitrosative stress [J]. Molecular Microbiology，2000，36(4)：775-783.

[100]　Gardner P R，Gardner A M，Martin L A，et al. Nitric-oxide dioxygenase activity and function of flavohemoglobins：sensitivity to nitric oxide and carbon monoxide inhibition [J]. Journal of Biological Chemistry，2000，275(41)：31581-31587.

[101]　Cruz-Ramos H. NO sensing by FNR：regulation of the *Escherichia coli* NO-detoxifying flavohaemoglobin，Hmp [J]. The Embo Journal，2002，21(13)：3235-3244.

[102]　Poole R K. Nitric oxide，nitrite，and Fnr regulation of hmp(flavohemoglobin) gene expression in *Escherichia coli* K-12 [J]. Journal of Bacteriology，1996，178(18)：5487-5492.

[103]　韦文喆. 全局调控因子与植物乳杆菌 FQR 降亚硝酸盐特性相关性研究 [D]. 合肥：安徽农业大学，2008.

[104]　Fitzsimons A，Hols P，Jore J，et al. Development of an amylolytic *Lactobacillus plantarum* silage strain expressing the *Lactobacillus amylovorus* alpha-amylase gene [J]. Applied and Environmental Microbiology，1994，60(10)：3529-3535.

[105] Hols P, Ferain T, Garmyn D, et al. Use of expression secretion signals and vector free stable chromosomal integration in engineering of *Lactobacillus plantarum* for α-amylase and levanase expression [J]. Applied and Environmental Microbiology, 1994, 60 (5): 1401-1413.

[106] Pavan S, Hols P, Delcour J, et al. Adaptation of the nisin-controlled expression system in *Lactobacillus plantarum*: a tool to study in vivo biological effects [J]. Appl Environ Microbiol, 2000, 66(10): 4427-4432.

[107] Rossi F, Rudella A, Marzotto M, et al. Vector-free cloning of a bacterial endo-1, 4-β-glucanase in *Lactobacillus plantarum* and its effect on the acidifying activity in silage: Use of recombinant cellulolytic *Lactobacillus plantarum* as silage inoculant [J]. Antonie Van Leeuwenhoek, 2001, 80(2): 139-147.

[108] Axelsson L, Lindstad G, Naterstad K. Development of an inducible gene expression system for *Lactobacillus sakei* [J]. Letters in Applied Microbiology, 2003, 37(2): 115-120.

[109] Sørvig Elisabeth, Grönqvist Sonja, Kristine N, et al. Construction of vectors for inducible gene expression in *Lactobacillus sakei* and *L. plantarum* [J]. Fems Microbiology Letters, 2003, 229(1): 119-126.

[110] Abremski K, Hoess R, Sternberg N. Studies on the properties of P1 site-specific recombination: Evidence for topologically unlinked products following recombination [J]. Cell, 1983, 32(4): 1301-1311.

[111] Hoess R H, Abremski K. Mechanism of strand cleavage and exchange in the Cre-lox site-specific recombination system [J]. Journal of Molecular Biology, 1985, 181(3): 351-362.

[112] Claesson M J, van S D, O' Toole P W. The genus *Lactobacillus*-a genomic basis for understanding its diversity [J]. Fems Microbiology Letters, 2007, 269(1): 22-28.

[113] Hugenholtz J. The lactic acid bacterium as a cell factory for food ingredient production [J]. International Dairy Journal, 2008, 18(5): 466-475.

[114] Gaspar P, Carvalho A L, Vinga S, et al. From physiology to systems metabolic engineering for the production of biochemicals by lactic acid bacteria [J]. Biotechnology Advances, 2013, 31(6): 764-788.

第2章

亚硝酸盐胁迫下植物乳杆菌 WU14 的 Nir 食品级高效诱导表达及其酶学性质研究

　　我国蔬菜深加工产品酱腌菜生产历史悠久，品种繁多，但是蔬菜在腌制和贮藏过程中极易产生亚硝酸盐。由于亚硝酸盐可与食品中蛋白质分解产物次级胺（仲胺、叔胺、酰胺及氨基酸）结合，生成强致癌的 N-亚硝基化合物，长期摄入亚硝酸盐有致突变和致癌的危险，可诱发肝癌、食管癌、胃癌等多种癌症和疾病。随着人们食品安全意识的提高，发酵食品中亚硝酸盐污染的问题也日益受到关注，如何降解亚硝酸盐类物质是发酵食品生产中亟待解决的关键问题[1]。食品中亚硝酸盐的形成源于羟胺途径还原成氨气和还原氮气两个途径。一些兼性厌氧细菌都能利用硝酸氮为营养，在硝酸盐还原酶和亚硝酸盐还原酶的作用下将硝酸盐还原为氨，进而合成氨基酸、蛋白质和其他含氮有机物。在氧气含量很低或缺氧时，兼性厌氧细菌能利用硝酸盐及亚硝酸盐中的氧进行呼吸，并能利用各种有机化合物作为反硝化过程中的电子供体，这些有机质包括碳水化合物、有机酸类等，它们在反应中特别重要，如体系中无足够用于反硝化的有机物，则需添加有机化合物使反应顺利进行。大多数亚硝酸盐还原酶是胞内酶，在细胞内能有效地发挥作用，但在胞外效果较差，故在实际应用中受到了限制。

　　当前国内外对蔬菜加工中亚硝酸盐的研究主要集中在蔬菜发酵过程中亚硝酸盐的变化规律，而对亚硝酸盐的降解机理研究以及影响亚硝酸盐的微生物菌系及其相关酶系等则研究甚少。利用微生物降解亚硝酸盐是当前的研究重点和热点，所谓微生物降解亚硝酸盐，主要是利用 Nir 降低亚硝酸盐含量[2]，尤其是利用食品级安全菌株乳酸菌产生的亚硝酸盐还原酶彻底降解亚硝酸盐是应对亚硝酸盐污染的根本对策，对保障我国食品安全具有重要意义[3]。本章介绍的是应用 PCR

技术扩增出目的菌株的 Nir 基因并克隆到乳酸乳球菌食品级细胞内高效诱导表达载体 pRNA48[4-6] 中进行高效诱导表达，从而分析纯种培养在腌菜制作中降解亚硝酸盐的可行性，为其在食品中应用奠定基础。

2.1　亚硝酸盐胁迫下植物乳杆菌 WU14 对亚硝酸盐降解能力分析

植物乳杆菌 WU14 是笔者所在团队从腌菜中筛选的野生型菌株，可高效降解腌菜中的亚硝酸盐。为进一步了解它的降解能力、降解机制以及对亚硝酸盐的耐受能力，在 MRS 培养液中添加不同浓度梯度的 $NaNO_2$，通过测定 24h 内不同 $NaNO_2$ 浓度下菌体的生长密度及 $NaNO_2$ 的最终降解量来确定该菌株对亚硝酸盐的最大耐受浓度和降解能力。

如图 2-1 所示，植物乳杆菌 WU14 在含 0.12% $NaNO_2$ 的培养液中长势相对缓慢但能够生长，但在含 0.14% $NaNO_2$ 和 0.16% $NaNO_2$ 的培养液中却难以生长。由此说明植物乳杆菌 WU14 对 $NaNO_2$ 的最大耐受浓度为 0.12%。

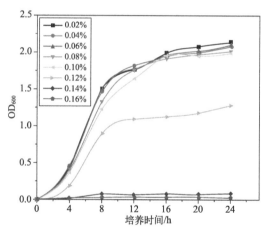

图 2-1　不同浓度亚硝酸盐对植物乳杆菌 WU14 生长的影响

此外，从图 2-2 可以看出，菌株生长 24h 内的 pH 虽然在不断降低，但其最终 pH 值都略大于 4.5，由此可判断在该时间段内若培养液中亚硝酸盐得到大量降解很可能是以亚硝酸还原酶为主的降解机制发生了作用，而不是以酸降解为主的机制发生作用。

取培养 24h 的各浓度菌液测定其亚硝酸盐降解量，经测定 OD_{538} 值，绘制 $NaNO_2$ 标准曲线，得到标准曲线回归方程为：$y = 0.0143x - 0.0005$（$R^2 = 0.9999$），算出相应浓度的 $NaNO_2$ 降解量，如图 2-3 所示，植物乳杆菌 WU14 在含 0.10% $NaNO_2$ 的培养液中 24h 后 $NaNO_2$ 的降解量最大，达到 $56.34\mu g/mL$，酶活为 2347.5U/mL。

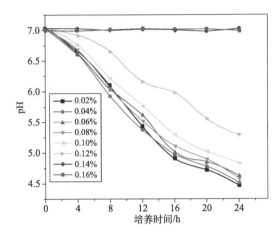

图 2-2　不同浓度 NaNO₂ 对植物乳杆菌 WU14 生长 pH 的影响

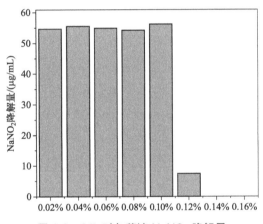

图 2-3　24h 时各菌液 NaNO₂ 降解量

2.2　Nir 基因克隆和生物信息学分析

　　以改良 CTAB 法[7] 提取的植物乳杆菌 WU14 全基因组为模板，通过特异性引物 NirF 和 NirR 扩增 *Nir*，得到大小约为 1700bp 的特异性条带（图 2-4）。测序结果表明该序列与 Nir 假设蛋白基因相似性最高，也与硝酸盐还原酶基因相似性较高。将 *Nir* 与 pGEM-T 载体连接，热激转入大肠杆菌 DH5α 感受态细胞中，通过蓝白斑氨苄抗性平板筛选白色菌落，然后进行菌落 PCR，挑选 PCR 扩增基因片段在 1700bp 左右的阳性克隆，用含 100μg/mL 氨苄青霉素的 LB 液体扩增培养，保存菌种，以便于下一步表达分析。

（1）*Nir* 的核苷酸序列分析　通过生物分析软件 Vector NTI 对植物乳杆菌 WU14 的 *Nir* 序列进行分析（图 2-5），该基因存在 *Hind*Ⅲ、*Hae*Ⅲ、*Ava*Ⅰ、*Afl*Ⅲ和 *Cla*Ⅰ等常用的限制性内切酶酶切位点，可为下一步 *Nir* 表达载体构建时的酶切位点选择及 L-AI 基因的定点突变以消除酶切位点做参考。*Nir* 的正链存在阅读框 1 和阅读框 2 两种类型的开放阅读框，开放阅读框 1 以 ATG 为起始密码子，以 TAA 为终止密码子，从第 1 个碱基开始至第 1638 个碱基为止，总共 545 个密码子，编码 545 个氨基酸，作为 Nir 的一级结构；2 型阅读框有两个，一个位于 365—562 碱基段，以 ATG 为起始密码子、TAG 为终止密码子，另一个位于 872—1033 碱基段，以 ATG 为起始密码子，TGA 为终止密码子。

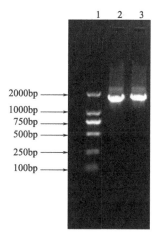

图 2-4　PCR 扩增 *Nir*
1—DL2000 DNA 标记；
2，3—植物乳杆菌 WU14 *Nir* PCR 产物

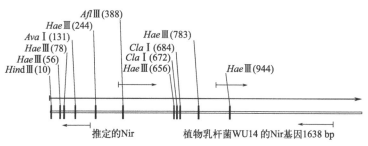

图 2-5　植物乳杆菌 WU14 *Nir* 核苷酸序列及其限制性酶切位点

（2）Nir 蛋白二级结构预测分析　通过 NPS 网络蛋白质序列分析网站中的 SOPM 蛋白质二级结构预测方法分析植物乳杆菌 WU14 的 *Nir* 编码蛋白的二级

结构，分析结果如表 2-1 和图 2-6 所示，在该氨基酸序列中，有 238 个氨基酸残基形成 α-螺旋，占总二级结构的 43.67%；延伸链由 96 个氨基酸残基组成，占总二级结构的 17.61%；无规则卷曲由 172 个氨基酸残基组成，占总二级结构的 31.56%，β-转角由 39 个氨基酸残基组成，占总二级结构的 7.16%。由此可推测，α-螺旋和无规则卷曲是形成植物乳杆菌 WU14 的 Nir 二级结构最主要的元件，延伸链和 β-转角则散布于整个蛋白质中。

表 2-1　植物乳杆菌 WU14 的 Nir 蛋白二级结构构成类型

Nir 二级结构组成类型	氨基酸残基数	百分比
α-螺旋	238	43.67%
延伸链	96	17.61%
无规则卷曲	172	31.56%
β-转角	39	7.16%

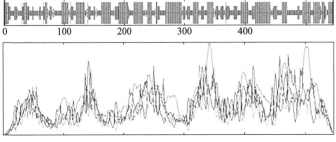

图 2-6　植物乳杆菌 WU14 的 Nir 蛋白二级结构预测分析结果

　　(3) Nir 蛋白跨膜螺旋分析和信号肽分析　通过 TMHMM 在线分析软件对植物乳杆菌 WU14 的 Nir 蛋白进行跨膜螺旋分析，如图 2-7 所示。如果预测跨膜螺旋中的氨基酸残基数大于 18，则说明很有可能存在跨膜序列或者信号肽，而 Nir 的分析结果为 0.01681 个，表明其不具有明显的跨膜结构或信号肽。此外，如果一个预测蛋白前 60 个氨基酸数有数个，则说明该蛋白 N 端可能存在信号肽，而不是跨膜结构，而 Nir 分析结果为 0.01658，证明其 N 端不存在信号肽和跨膜结构。综合以上结果，预测植物乳杆菌 WU14 的 Nir 不具有跨膜结构。

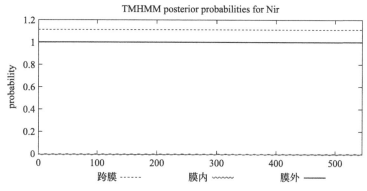

图 2-7　植物乳杆菌 WU14 的 Nir 跨膜结构域分析

（4）Nir 的疏水性分析　利用 ExPASy 的 ProtScale 程序可绘制蛋白质的疏水性图谱，如图 2-8 所示。在 Nir 的氨基酸形成的波谱图中，波谱值＞0 的为疏水性氨基酸，而波谱值＜0 的为亲水性氨基酸，其中高正值的氨基酸具有更大的疏水性，而低负值的氨基酸则更加亲水。此外，当波峰值超过 1.5 时才为强疏水性氨基酸。图中氨基酸波峰最高值为 2.033，而波谷最低值为 −2.833。以 0 值为分界线，亲水性氨基酸明显远远大于疏水性氨基酸，故可判定 Nir 蛋白为亲水性蛋白。

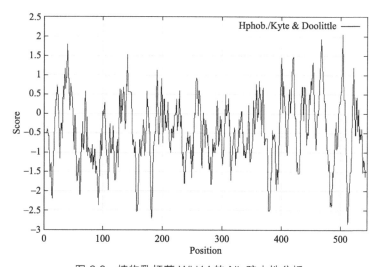

图 2-8　植物乳杆菌 WU14 的 Nir 疏水性分析

（5）Nir 的三级结构预测分析　利用 SWISS-MODEL 蛋白质三级结构在线预测服务系统对植物乳杆菌 WU14 的 Nir 的三级结构进行预测，结果如图 2-9 所示。从图中可知植物乳杆菌 WU14 的 Nir 的三级结构主要由 α-螺旋和无规则卷曲构成，这与蛋白质二级结构组成元件分析相吻合。

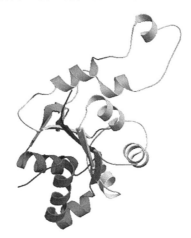

图 2-9　植物乳杆菌 WU14 的 Nir 蛋白的三级结构预测

2.3　重组质粒 pRNA48-Nir 的构建及 Nir 诱导表达

（1）重组质粒 pRNA48-Nir 的构建　通过对 Nir 的核苷酸序列及酶切位点进行分析可确定该基因 9—14bp 存在 HindⅢ 酶切位点，因此在不改变氨基酸序列的前提下，用设计的点突变且含酶切位点的引物扩增出了去除 Nir 内部的 HindⅢ 酶切位点的基因片段（图 2-10），经双酶切，与 pRNA48 质粒进行连接后将纯化后的连接产物电转化入乳酸乳球菌 NZ9000 感受态细胞中[8]，在含蜜二糖和溴甲酚紫的 EL1 培养基（1% 胰蛋白胨，0.4% NaCl，0.15% 醋酸钠，40mg/L 溴甲酚紫）中富集培养 2 天，直至变黄，然后涂布到含蜜二糖和溴甲酚紫的 Mel-EL1 平板上，30℃ 培养 36h，在平板上筛选阳性克隆子。如图 2-11 所示，在含蜜二糖和溴甲酚紫的 EL1 平板上含重组子的乳酸乳球菌 NZ9000 感受态细胞呈优势生长，菌落很大且为白色，周围有黄色晕圈，因为重组子含有 α-半乳糖苷酶基因可以利用蜜二糖发酵产酸使溴甲酚紫由紫色变为黄色[9]。挑取阳性克隆子富集培养后提取重组质粒，将重组质粒经 NcoⅠ 和 HindⅢ 双酶切，结果如图 2-12 所示，分别得到 4500bp 左右和 1638bp 左右的条带（line 2），与预期结果一致。pRNA48 质粒大小为 4557bp（line 4），而 Nir 大小为 1638bp，并且重组质粒基因条带达到 15000bp（line 3），理论应为 6000bp 左右，推测可能原因是乳酸乳球

菌为阳性菌，杂蛋白较多影响条带迁移速度以及质粒的拓扑结构造成电泳迁移率
的改变。

　　将提取得到的重组质粒通过 NirmF 和 NirmR 两引物进行 PCR 扩增 Nir，结
果如图 2-13 所示，片段大小与原 Nir 一致，将 PCR 产物送检测序，测序结果显
示与原 Nir 序列相似性达到 99.89%，由此可知食品级表达载体 pRNA48-Nir 构
建成功。

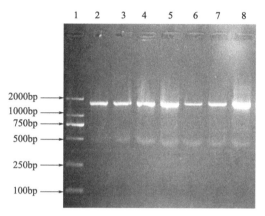

图 2-10　Nir 点突变基因
1—DL2000 DNA Marker；2～8—Nir 点突变基因

图 2-11　重组子在
Mel-EL1 平板筛选结果

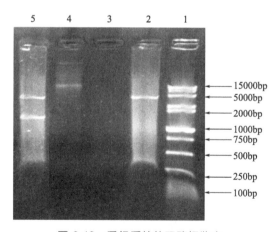

图 2-12　重组质粒的双酶切鉴定
1—15000＋2000 DNA Marker；2—pRNA48 质粒；3—乳酸乳球菌 NZ9000 对照；
4—pRNA48-Nir 重组质粒；5—pRNA48-Nir 重组质粒双酶切（NcoⅠ/HindⅢ）产物

　　（2）SDS-PAGE 检测 nisin 诱导的 Nir 表达产物[10]　　将 30ng/mL 的 nisin 诱
导 12h 的重组菌 L. lactis NZ9000/pRNA48-Nir 的离心沉淀经 0.05mol/L PBS 缓
冲液（pH7.0）洗涤，用石英砂冷冻碾磨破碎细胞后，再经 10000r/min 冷冻离
心 10min，提取含总蛋白的上清液，用 SDS-PAGE 分析总蛋白。根据 Nir 大小

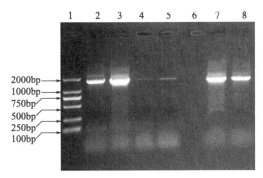

图 2-13　重组质粒 pRNA48-Nir PCR 鉴定
1—DL2000 DNA Marker；2，3—重组质粒 PCR 产物

1638bp 可知，除去终止密码，翻译为蛋白质大约为 60.6kDa。由图 2-14 可知，
位于 66.4kDa 到 44.3kDa 之间的重组菌菌体总蛋白有明显的条带，该条带较对
照 $L.\,lactis$ NZ9000/pRNA48 的 66kDa 左右的条带略低且在对照中不存在，由此
可以说明其为预期的目的条带。

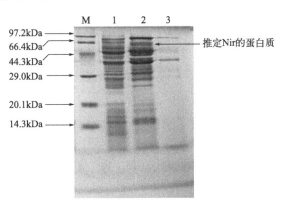

图 2-14　SDS-PAGE 检测目的蛋白
M—蛋白质分子量标准（低）；1—$L.\,lactis$ NZ9000/pRNA48 总蛋白；
2—$L.\,lactis$ NZ9000/pRNA48-Nir 总蛋白；3—$L.\,lactis$ NZ9000 总蛋白

（3）重组菌 $L.\,lactis$ NZ9000/pRNA48-Nir 的 Nir 酶活测定　取发酵 24h 后
的不同浓度重组菌和乳酸乳球菌 NZ9000 菌液测定各菌液的 $NaNO_2$ 降解量。测
OD_{538} 值，绘制 $NaNO_2$ 标准曲线，得到标准曲线回归方程为：$y = 0.0154x +
0.0015(R^2 = 0.9995)$，算出 $NaNO_2$ 降解量，如图 2-15 所示，重组菌在含 0.04%
$NaNO_2$ 的培养基中培养 24h 后 $NaNO_2$ 的降解量最大，达到 22.21μg/mL，酶活为
925.41U/mL。与植物乳杆菌 WU14 的亚硝酸盐降解量相比，该重组菌的亚硝酸盐
降解能力不到原始菌株的 40%，分析其原因可能是 Nir 在上游还存在相应的调控
子等结构来控制 $NaNO_2$ 的降解，该调控子结构还有待进一步发掘和研究。

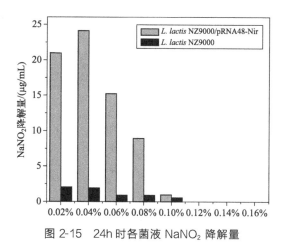

图 2-15　24h 时各菌液 NaNO₂ 降解量

2.4　植物乳杆菌 WU14 的基因组测序和分析

在对植物乳杆菌 WU14 进行基因组测序后，通过 CGView 软件绘制单个样本基因组圈图，可知植物乳杆菌 WU14 的染色体全长为 3045326bp，包含 1 个染色体和 11 个质粒，基因组 G＋C 平均含量为 44.36％（图 2-16），共有 3270 个基因、69 个 tRNA 和 16 个 rRNA（表 2-2）。基于 16S rRNA 序列选择在种属水平上最接近的 19 株菌，通过 MEGA 6.0 软件选择 NJ（Neighbor-Joining）法构建系统进化树。发现 WU14 与模式菌株植物乳杆菌 WCFS1 | NC_004567.2 高度同源，但具有不同代谢途径的基因簇，说明植物乳杆菌 WU14 具有良好的益生功能。

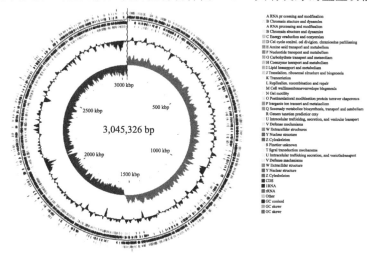

图 2-16　WU14 基因组 CGView 图

表 2-2   WU14 基因组概况

样品名称	基因组大小/bp	染色体数量	质粒数量	G+C 含量/%	基因数量	tRNA 数量	rRNA 数量
WU14	3337219	1	11	44.36	3270	69	16

2.5   结论

通过对高浓度亚硝酸盐胁迫下植物乳杆菌 WU14 降解亚硝酸盐的研究得出植物乳杆菌 WU14 在 0.10% $NaNO_2$ 培养液中的 $NaNO_2$ 降解量最大,达到 56.34μg/mL,且 Nir 酶活达 2347.5U/mL。

为进一步了解植物乳杆菌 WU14 降解亚硝酸盐在分子水平的作用机制,通过对 GenBank 现存的 Nir 及蛋白保守序列进行分析,设计植物乳杆菌 WU14 特异性引物,扩增出了大小约为 1638bp 的 Nir。通过各种生物信息分析软件对 Nir 的蛋白质一、二、三级结构进行分析发现,植物乳杆菌 WU14 的 Nir 蛋白为胞内酶,不存在信号肽和跨膜结构。构成该酶的主要结构为 α-螺旋和无规则卷曲。这为酶学性质的研究提供了一定基础。

为了研究重组 Nir 的酶活性,构建了 pRNA48-Nir 食品级高效诱导表达载体,并通过电转化获得了重组菌 L. lactis NZ9000/pRNA48-Nir。该重组菌在经过 30ng/mL 的 nisin 诱导 12h 后能够在 SDS-PAGE 后出现与预期大小相符的特异性蛋白条带。分析重组菌降解亚硝酸盐的能力显示重组菌在含 0.04% $NaNO_2$ 的培养液中 24h 后 $NaNO_2$ 的降解量最大,达到 22.21μg/mL,酶活性为 925.41U/mL。与植物乳杆菌 WU14 的亚硝酸盐降解量相比,该重组菌的亚硝酸盐降解能力不到原始菌株的 40%,其原因可能是 Nir 在上游可能还存在相应的操纵子结构来控制亚硝酸盐的降解,该操纵子结构还有待进一步发掘[11]。由于迄今为止尚未见有关乳酸菌的 Nir 操纵子结构、功能及调控机制的报道,而这些问题正是乳酸菌氮代谢的分子调控机制研究和消除发酵食品和饲料中亚硝酸盐污染中亟待解决的关键问题。这里仅就有关乳酸菌亚硝酸盐降解的研究做了一些基础性工作,对寻找安全、有效控制或降解亚硝酸盐的生物降解法,为 Nir 在食品中应用奠定了基础,进而保障食品安全,保护人类健康[8]。

参考文献

[1]   Sen N P, Seaman S W, Baddoo P A, et al. Formation of N-nitroso-N-methylurea in various samples of smoked/dried fish, fish sauce, seafood, and ethnic fermented/pickled vegetables following incubation with nitrite under acidic conditions [J]. Journal of Agricultural and Food

Chemistry，2001，49（4）：2096-2103.

［2］　龚钢明，何婷婷，高能.植物乳杆菌亚硝酸盐还原酶基因在大肠杆菌中表达［J］.中国酿造，2012，31（11）：135-137.

［3］　刘志文，袁伟静，张三燕，等.三江镇腌菜中降解亚硝酸盐乳酸菌的筛选和初步鉴定［J］.食品科学，2012，33（1）：166-169.

［4］　Bo X，Yusheng C，Yan C. Construction of the food-grade inducible expression systems in *Lactococcus lactis* and the expression of fusion OprF/H from *Pseudomonas aeruginosa*［J］. Journal of Biotechnology，2008，136（10）：725-726.

［5］　徐波，曹郁生，陈燕，等.乳酸乳球菌两组分食品级 NICE 系统载体的构建［J］.食品研究与开发，2006，27（6）：26-29.

［6］　徐波，曹郁生，陈燕，等.乳酸乳球菌食品级诱导表达系统的构建及异源蛋白的表达［J］.微生物学报，2007，47（4）：604-609.

［7］　陈瑶，谢晓阳，刘志文，等.富锌产 γ-氨基丁酸乳酸菌的筛选及初步鉴定［J］.中国微生态学杂志，2009，21（11）：970-974.

［8］　Maria P，Nicholaos A，George F. High efficiency electrotransformation of *Lactococcus lactis* spp. *lactis* cells pretreated with lithium acetate and dithiothreitol［J］. BMC Biotechnology，2007，7（15）：1470-1476.

［9］　Boucher I，Parrot M，Gaudreau H. Novel food-grade plasmid vector based on melibiose fermentation for the genetic engineering *Lactococcus lactis*［J］. Applied Environment Microbiology，2002，68：6152-6161.

［10］　Kuipers O P，De Ruyter P，Kleerebezem M. Controlled overproduction of proteins by *Lactic acid bacteria*［J］. Trends Biotechnology，1997，15（4）：135-140.

［11］　应碧，昌晓宇，刘志文，等.亚硝酸盐胁迫下植物乳杆菌 WU14 亚硝酸盐还原酶的食品级高效诱导表达及其酶学性质研究［J］.中国农业科学，2015，48（7）：1415-1427.

第3章

亚硝酸盐胁迫下植物乳杆菌 WU14 中 GlnR 与 Nir 相互作用研究

　　亚硝酸盐广泛存在于自然界中，其可以作为生物生长的氮素来源，但它的存在对于人畜的健康是有危害的。亚硝酸盐可以与蛋白质中的次级胺结合生成 N-亚硝基化合物，而且人类或动物吸收的亚硝酸盐与机体中的 RNH_2、R_3N 及带有氨基的化学物质发生反应，也会形成亚硝胺化合物，这种强致癌物会诱发机体代谢中的多种系统或者器官产生癌症[1,2]。自然界中存在的亚硝酸盐会使空气中的 NO_2 增多，导致地球温室效应、加重环境污染等多种问题[3]。所以为了高效无害地降解亚硝酸盐，微生物降解亚硝酸盐的研究越来越受到关注[4]。许多学者在对乳酸菌降解亚硝酸盐机理的研究中表示，降解亚硝酸盐的功效在乳酸菌发酵产生的乳酸及一些特殊酶系亚硝酸还原酶都有着丰富的存在，所以安全菌株产生降解亚硝酸盐的功能是当前研究的重点和热点。

　　在发酵过程中乳酸菌通过两种途径分解亚硝酸盐，使其分解为 NO 与水[5]。研究表明植物乳杆菌在有氧和厌氧条件下都可以降解亚硝酸盐。亚硝酸盐降解可以通过植物乳杆菌产生的代谢产物乳酸发挥效用，自身氧化还原反应发生在乳酸和亚硝酸盐之间，但植物乳杆菌降解亚硝酸盐的主要方式是产生亚硝酸盐还原酶进行生物降解[6]。到目前为止人类共发现了四种类型的亚硝酸盐还原酶，分别为 nirK、Nir、nrfA 和 nasB[3]。研究表明，不同类型的亚硝酸盐还原酶在不同微生物中的功能各不相同，即使是同种类型的亚硝酸盐还原酶在不同微生物中，其功能也是不尽相同[7]。

　　通过 NCBI 数据库中对于 GlnR 的比对可知，植物乳杆菌中的 GlnR 属于 MerR 家族。MerR 家族的转录因子 GlnR 的 DNA 结合域三维结构呈现出螺旋-转角-螺旋这样的结构模型，特异性识别位点存在于氨基酸组成的肽链的 C 端，它是一种具有催化功能的转录因子，而且其具有不同的 C 端信号转导域。MerR 家族的前 100 个氨基酸是相似的，三维结构中跟随螺旋-转角-螺旋之后的是卷曲盘绕结构。

最初对于 MerR 家族的认识是 N 端 DNA 结合域高度保守而 C 端具可识别性。在第 5 章对于 GlnR 进行的三维结构分析中可证明植物乳杆菌 GlnR 蛋白 N 端保守，C 端具有特异性识别序列。大多数 MerR 家族的操纵子可以对于外界环境的刺激进行应答，例如氧化、金属离子和抗生素。

对于金属离子可操纵转录情况下，特别是一些拥有潜在可协调金属离子的残基的 MerR 家族转录因子来说，其中有一些成员 C 端也是相似可识别的[8]。罗非鱼中分离的无乳链球菌中 GlnR 蛋白也证实了 GlnR N 端高度保守这一特征[9-11]。GlnR 蛋白作为调控因子可作用于基因上游位点参与多种代谢酶合成、次级代谢以及转运相关基因的表达调控[12]。少数的 MerR 家族调控因子可以刺激次优的启动子，识别-35 和-10 之间的组件进行转录，而不是最适的 17bp±1bp 处[8]。

GlnR 在多种微生物中可参与氮代谢调控，通过蛋白质上的 DNA 结合域结合 DNA 链上的保守区域，从而对于下游基因的转录进行调控。乳酸乳球菌中的 GlnR 蛋白通过结合 DNA 上保守序列 5′-TGTNA-7N-TNACAT-3′对胞外的谷氨酸盐与铵变化进行调控[13]。枯草芽孢杆菌中当外界的氮源过量时，GlnR 蛋白被激活，从而抑制胞内的谷氨酰胺合成酶操纵子与脲酶操纵子。变异链球菌在酸的胁迫下 GlnR 蛋白对氮代谢的调控实验也证明，GlnR 蛋白的调控结合 DNA 保守序列与上述一致[14]。Yvonne Tiffert 等在对 GlnR 蛋白靶位点的进一步研究中发现，天蓝色链霉菌中的 10 个酶是通过 GlnR 来调控的，其中包括亚硝酸盐还原酶，还通过验证证实了新的 GlnR 靶位点 gTnAc-n6-GaAAc-n6-GtnAC-n6-GAAAc-n6 模式，认为 GlnR 蛋白控制所有有关氮代谢包括分解铵及合成谷氨酸盐与谷氨酰胺的重要途径[15]。

细菌单杂交与酵母双杂交是非常快速有效鉴定蛋白质与核酸结合的方法，细菌单杂交系统由细菌双杂交延伸而来，是运用转录因子表达载体、报告载体、可进行筛选的宿主菌株三部分进行作用。如果诱饵载体上的基因与报告载体上的上游片段结合会将 RNA 聚合酶募集定位到弱启动子上，致使报告基因表达[16]。

因为亚硝酸盐对人类的危害巨大，植物乳杆菌降解亚硝酸盐受 GlnR 调控，所以对其结合进行研究显得尤为重要[17]。我们在获取 Nir 基因保守序列时进行 Blast 比对发现其与植物乳杆菌 ST-Ⅲ 全基因组一段基因相似性达到 99%，所以以植物乳杆菌 ST-Ⅲ 基因组中相似基因片段前 400bp 左右的片段为模板设计一对引物。在提取的植物乳杆菌 WU14 中得到一段 400bp 包含 Nir 启动子的片段。根据植物乳杆菌 ST-Ⅲ 基因组中 GlnR 蛋白基因设计引物，从 WU14 中获取 GlnR 基因片段。将获得的基因分别构建诱饵载体与表达载体，进行细菌单杂交实验。

3.1 Trans 1/pET-30a/Nir 表达载体的构建与检测

3.1.1 亚硝酸盐还原酶保守片段 Nir 的获取

以 CTAB 法提取的基因组为模板扩增出 Nir 基因后进行 Nir 的 PCR 反应产物测序。如图 3-1 所示为 Trans1/T3/Nir 菌落 PCR 验证结果，表示泳道 1、3、6 条带大小为 1.6kb，符合 Nir 基因片段的理论值，为阳性克隆菌。

对 Nir 进行测序后经 Blast 程序序列比对得出，该基因与植物乳杆菌亚硝酸盐还原酶基因组相似性为 99%，证明此段基因为亚硝酸盐还原酶基因。

3.1.2 Nir 诱导表达载体的构建

(1) 菌落 PCR 验证 Trans 1/pET-30a/Nir 阳性克隆　Nir 基因作为插入片段与酶切后的 pET-30a 质粒连接后，运用 T7 引物扩增 pET-30a 上插入片段，由于上下游引物距离插入片段各 200bp 左右，所以扩增插入基因片段的大小会比原来大 400 个核苷酸左右。表明 Trans 1/pET-30a/Nir 菌落 PCR 泳道 8 为测序正确基因，如图 3-2 所示。

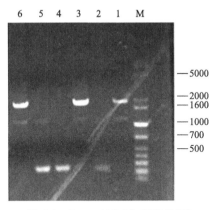

图 3-1　Trans1/T3/Nir 菌落 PCR

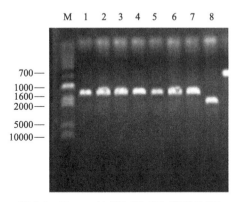

图 3-2　Trans 1/pET-30a/Nir 菌落 PCR

(2) 菌落 PCR 验证 Transetta/pET-30a/Nir 阳性克隆　测序正确的 Nir 重组表达载体转入 Transetta 宿主菌感受态，如图 3-3 所示为 Transetta/pET-30a/Nir 菌落 PCR 结果，结果表明重组载体成功转入宿主菌，阳性率很高。

3.1.3 Nir 蛋白诱导与 SDS-PAGE 分析

(1) Nir 蛋白诱导 SDS-PAGE 分析过程　将工程菌 Transetta/pET-30a/Nir

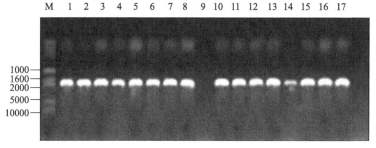

图 3-3　Transetta/ pET-30a/Nir 菌落 PCR

进行异丙基-β-D-硫代半乳糖苷（IPTG）诱导
表达，即将活化过夜的工程菌接入 300mL LB
液体培养基中进行大瓶诱导表达，加入 IPTG
的浓度为 0.075％。如图 3-4 中所示，泳道 1
中在 72kDa 和 55kDa 之间有一条较粗的蛋白
条带，这与 Nir 蛋白的理论分子量 62kDa 完全
一致，意味着重组蛋白 Nir 已经表达。

（2）亚硝酸盐还原酶试剂盒测定 Nir 粗酶
酶活　如表 3-1 所示为 Nir 蛋白粗酶液用试剂
盒测定酶活的数值，以 Transetta 宿主菌作为
空白对照、缓冲液作为阴性对照，结果为酶标
仪测得，数据表明 Nir 蛋白诱导表达成功，酶
活为 0.04U/mL（△OD＝0.064）。

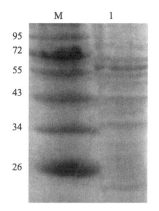

图 3-4　Nir 在大肠杆菌宿主菌中表达

表 3-1　Nir 蛋白用细菌亚硝酸盐还原酶总活性试剂盒测定酶活结果

时间/min	阴性对照	宿主菌	工程菌
0	0.473	0.853	0.765
1	0.722	0.817	0.733
2	0.716	0.816	0.680
3	0.704	0.809	0.698
4	0.690	0.798	0.687
5	0.667	0.782	0.644
6	0.669	0.770	0.627

3.2　植物乳杆菌 GlnR 基因克隆和表达载体的构建与检测

3.2.1　T3-glnR 构建

图 3-5 中 glnR 基因理论大小为 400bp，用 M13 引物对其进行扩增时上下游会多出 300bp 左右 T3 质粒上的片段。所以在菌落 PCR 验证时 700bp 的片段为阳性克隆菌。图中 Trans1/T3/GlnR 菌落 PCR 结果表明 GlnR PCR 产物与 T3 载体连接效果很好，阳性率很高，其中挑取 7 号、8 号泳道中的菌株测序，测序结果正确。

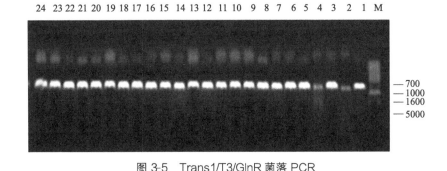

图 3-5　Trans1/T3/GlnR 菌落 PCR

Trans1/T3/GlnR 中 GlnR 的 NCBI 中 Blast 程序序列比对结果证明该基因与一戊糖乳酸杆菌 MP-10 转录调控基因 GlnR 相似性为 96％，证明此段基因为 GlnR。

3.2.2　pET-30a-glnR 的表达载体构建

图 3-6 为 T3/pNir 重组质粒与 T3/GlnR 重组质粒双酶切电泳检测结果，pNir 为 Nir 的启动子片段（后文中将会提到）。凝胶电泳跑道得到 5000bp 与 400—500bp 左右的两条带，表示酶切成功，将 400—500bp 左右基因回收即为得到的酶切后带有 Avr II 与 Not I 酶切位点的 GlnR 片段。

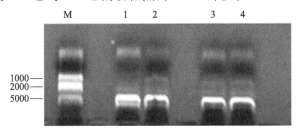

图 3-6　T3/pNir 重组质粒与 T3/GlnR 重组质粒双酶切鉴定

　　将酶切后的 GlnR 片段与同样酶切的 pET-30a 质粒连接，转入 T3 宿主细胞进行菌落 PCR 验证。图 3-7 表明 700bp 的条带为阳性克隆菌。

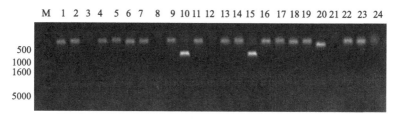

图 3-7　T3/pET-30a/GlnR 重组质粒菌落 PCR 验证

3.3　GlnR 与 Nir 启动子体外相互作用研究

3.3.1　pNir 启动子基因扩增及 Trans1/T3/pNir 菌落 PCR 验证

　　PCR 扩增 pNir 启动子得到 400bp 启动子片段后，回收纯化 DNA 与 T3 载体连接，如图 3-8 所示结果表明 pNir PCR 产物与 T3 载体连接效果很好，阳性率很高，其中挑取 5 号、6 号泳道中的菌株测序，测序结果正确。

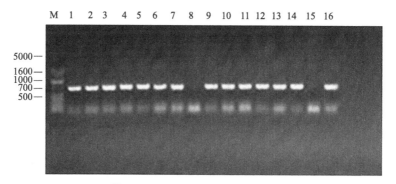

图 3-8　Trans1/T3/pNir 菌落 PCR

3.3.2　GlnR 基因片段的重新获得

　　图 3-5 中 Trans1/T3/GlnR 菌落 PCR 结果表明 GlnR PCR 产物与 T3 载体连接效果很好，阳性率很高，其中挑取 7 号、8 号泳道中的菌株测序，测序结果正确。采用测序正确的 6 号泳道中的 T3/pNir 重组质粒与 8 号泳道中的 T3/pNir 重组质粒 pB1H1 进行下一步的诱饵载体和表达载体的构建工作。

3.3.3 诱饵载体与表达载体的构建

如图 3-9 所示，1、2 泳道为 T3/pNir 重组质粒酶切后，3、4 泳道为 T3/GlnR 重组质粒酶切后的电泳检测结果。T3/pNir 重组质粒与 T3/GlnR 重组质粒双酶切后分别在 5000bp 与 400bp 左右有两条亮带。400bp 条带与 pNir 和 GlnR 基因片段的理论值相符。

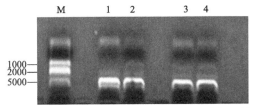

图 3-9　T3/pNir 重组质粒和 T3/GlnR 重组质粒双酶切后的电泳结果

如图 3-10 所示，1 泳道可以看出 pB1HI 质粒经过 *Avr* Ⅱ与 *Not* Ⅰ酶切后产生 956bp、3529bp 两片段，与图片相符。2 泳道为 pH3U3 质粒酶切后的电泳结果，可以看出 pB1HI 质粒经过 *Pst* Ⅰ与 *Eco*R Ⅰ酶切后产生 697bp、5137bp 两片段与图片相符。

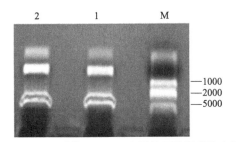

图 3-10　pB1H1 质粒、pH3U3 质粒双酶切后的电泳结果

如图 3-11 所示为 T3/pNir 质粒酶切产物与 pH3U3 质粒酶切产物连接验证图

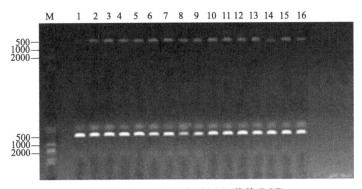

图 3-11　Trans1/pH3U3/pNir 菌落 PCR

片，上下两排都是菌落 PCR 的验证条带。所有的泳道在 500bp 处都具有一条亮带，证明 pNir 与 pH3U3 连接阳性率高。

3.3.4　细菌单杂交实验诱饵载体与表达载体酶切验证

图 3-12 中 pH3U3∶∶pNir 提取质粒经过内切酶消化后，发现 7、9、10、11号泳道有 1.5kb、4.3kb 的条带，证明 pNir 与 pH3U3 连接，表达载体构建成功。

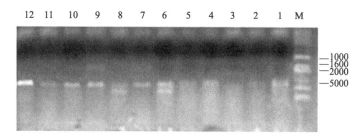

图 3-12　pH3U3∶∶pNir 重组质粒酶切验证

图 3-13 中显示 pB1H1∶∶GlnR 酶切验证结果，发现 3、4、5、6 号泳道有1kb、2.5kb 两条带，证明 GlnR 与 pB1H1 连接，诱饵载体构建成功。

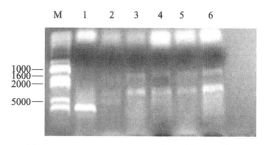

图 3-13　pB1H1∶∶GlnR 重组质粒酶切验证

图 3-14 中显示了 pB1H1∶∶GlnR 与 pH3U3∶∶pNir 重组质粒转入 US0 宿主菌的验证结果，US0/pB1H1∶∶GlnR 和 US0/pH3U3∶∶pNir 菌落 PCR 表明两种重组质粒成功转入 US0 宿主菌中。

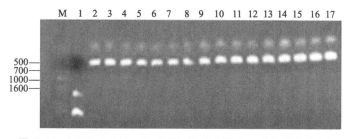

图 3-14　US0/pB1H1∶∶GlnR 和 US0/pH3U3∶∶pNir 菌落 PCR

图 3-15 中显示了 US0/pH3U3 质粒以 *Pst* I 进行酶切鉴定，验证结果显示 1、2、3、4 号泳道有 1.5kb、4.3kb 两条带，证明 pNir 与 pH3U3 连接，表达载体构建正确。

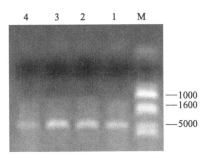

图 3-15　表达载体酶切鉴定

如图 3-16 所示，用正确的表达载体转入 US1 感受态中实现共转化，菌落 PCR 图表明 pH3U3∷pNir 重组质粒转入 US1 宿主菌。

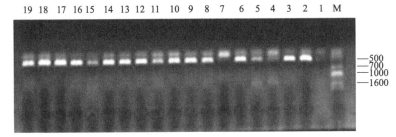

图 3-16　pH3U3∷pNir 重组质粒共转化

如图 3-17～图 3-22 所示，所有图中每个培养平板上第三横排的 US1/pH3U3∷

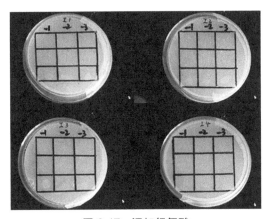

图 3-17　添加组氨酸
0μg/mL NaNO₂（Ⅰ1）、20μg/mL NaNO₂（Ⅰ2）、
40μg/mL NaNO₂（Ⅰ3）、60μg/mL NaNO₂（Ⅰ4）的正筛平板

pNir 共转化菌落生长正常，第一横排 US0/pH3U3 与第二横排 US0/pH3U3∷pNir 菌体无生长迹象，菌液与水混合逐步降低浓度图中三列点样从左到右为 10^{-1}、10^{-2}、10^{-3}。

图 3-18　添加组氨酸

80μg/mL NaNO$_2$（Ⅰ5）、100μg/mL NaNO$_2$（Ⅰ6）、120μg/mL NaNO$_2$（Ⅰ7）的正筛平板

图 3-19　添加 1mmol/L 3'-AT

0μg/mL NaNO$_2$（Ⅱ1）、20μg/mL NaNO$_2$（Ⅱ2）、
40μg/mL NaNO$_2$（Ⅱ3）、60μg/mL NaNO$_2$（Ⅱ4）的正筛平板

图 3-20　添加 1mmol/L 3'-AT

80μg/mL NaNO$_2$（Ⅱ5）、100μg/mL NaNO$_2$（Ⅱ6）、120μg/mL NaNO$_2$（Ⅱ7）的正筛平板

　　第一横排 US0/pH3U3 与第二横排 US0/pH3U3∷pNir 菌在各个菌液稀释度下都能正常生长。第三横排点样的 US1/pH3U∷pNir 共转化菌落不能正常生长，

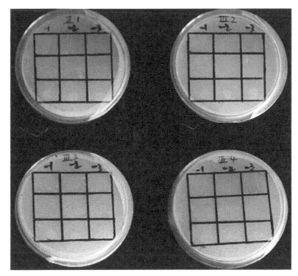

图 3-21 添加 2mmol/L 3′-AT
0μg/mL NaNO₂（Ⅲ1）、20μg/mL NaNO₂（Ⅲ2）、
40μg/mL NaNO₂（Ⅲ3）、60μg/mL NaNO₂（Ⅲ4）的正筛平板

图 3-22 添加 2mmol/L 3′-AT
80μg/mL NaNO₂（Ⅲ5）、100μg/mL NaNO₂（Ⅲ6）、120μg/mL NaNO₂（Ⅲ7）的正筛平板

菌液与水混合逐步降低浓度，图中三列点样从左到右为 10^{-1}、10^{-2}、10^{-3}。所以细菌单杂交实验结果表明，GlnR 能够和 pNir 在 US0 菌株胞内相互结合（图 3-23）。

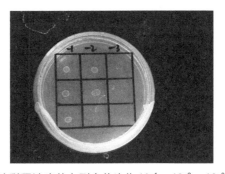

图 3-23 菌液稀释浓度从左到右依次为 10^{-1}、10^{-2}、10^{-3} 负筛培养基

3.4　结论

　　本实验中通过生物信息学软件分析已知的四种类型亚硝酸盐还原酶蛋白序列，分别找到每种类型亚硝酸盐还原酶蛋白保守序列。根据这些保守序列设计一对引物，以提取的植物乳杆菌 WU14 基因组为模板扩增本植物乳杆菌中的亚硝酸盐还原酶疑似基因。经过 BLAST 程序进行在线比对，疑似序列为亚硝酸盐还原酶基因。将亚硝酸盐还原酶 Nir 基因转入感受态中进行亚硝酸盐还原酶诱导，采用 GENMED 公司的亚硝酸盐还原酶活性试剂盒检测亚硝酸盐还原酶活性。

　　在降解亚硝酸盐过程中，乳酸菌中与亚硝酸盐作用的亚硝酸盐还原酶多为胞内酶，所以在大肠杆菌宿主异源表达时，表达的亚硝酸盐还原酶可能出现酶活低的现象[4]。本实验中通过设计引物得到的基因在 NCBI 中进行比对，成功得到植物乳杆菌 WU14 中的亚硝酸盐还原酶基因 Nir 并构建了大肠杆菌异源表达系统，成功表达了植物乳杆菌的亚硝酸盐还原酶，并用聚丙烯酰胺凝胶电泳检测蛋白质的条带大小符合理论值 67.6kDa。采用 GENMED 公司的细菌亚硝酸盐还原酶总活性检测试剂盒，获得的酶活测定结果数据显示亚硝酸盐还原酶酶活为 0.04U/mL（$\Delta OD = 0.064$）。

　　GlnR 蛋白在微生物氮代谢调控中扮演重要角色，但在植物乳杆菌中的研究甚少。本实验以一株高产塔格糖并具有亚硝酸盐降解活性的植物乳杆菌 WU14 为出发菌株研究其中的 GlnR 蛋白。实验中通过对已获得的亚硝酸盐还原酶基因在 NCBI 数据库中比对，发现与植物乳杆菌 ST-Ⅲ 全基因组测序的序列相似性为 100%，故以植物乳杆菌 ST-Ⅲ 的 GlnR 基因作为模板设计一对特异性引物。以植物乳杆菌 WU14 基因组为模板扩增 GlnR 基因。GlnR 基因共由 380bp 脱氧核糖核苷酸组成，编码 126 个氨基酸的蛋白质。将扩增的基因进行 Blast 在线比对，证实基因为 GlnR 基因。之后成功构建 GlnR/pET-30a 表达载体，进行下一步的表达纯化及三维结构分析实验。

　　本研究中在诱饵载体上插入 GlnR 基因构建 pB1H1∷GlnR，报告载体插入 nir 基因构建 pH3U3∷pNir。以大肠杆菌作为宿主菌利用细菌单杂交验证 GlnR 蛋白和 Nir 的启动子 pNir 基因片段之间的结合情况。在实验之前先构建报告重组质粒，为了验证在 pH3U3 载体上掺入 Nir 之后，Nir 基因是否能在没有外界影响的参与下促使 pH3U3 启动子下游的报告基因表达，而造成实验不准确的自体激活现象。在验证这种现象时需要负筛培养基，在负筛培养基上的 5-氟乳清酸可以在有 ura3 激活的情况下，使大肠杆菌死亡或者在低浓度下不能生存。在验证 Nir 基因是否能激活报告基因自体表达之后，就需要验证 GlnR 和 Nir 的结合情况。这就需要运用正筛选培养基。在报告载体 pH3U3 上的下游报告基因为

his3，此种基因的表达产物是组氨酸，所以在缺乏组氨酸的培养基上如这个基因表达会使菌株能正常生长。

也因此，第三排 US1/pH3U3∶∶pNir 菌株不能在负筛培养基上正常生长，表明实验排除了不准确的自体激活现象。相对比之下第一排 US0/pH3U3 与第二排 US0/pH3U3∶∶pNir 菌株正常生长出较大菌落，表明第一排 US0/pH3U3 与第二排 US0/pH3U3∶∶pNir 菌株中没能表达 *ura3*，所以实验的负筛培养基中证明启动子无自激活现象。

在正筛培养基中确认 GlnR 蛋白与 pNir 是否相互作用中，在不添加亚硝酸钠的正筛培养基上，相对比之下第一排 US0/pH3U3 与第二排 US0/pH3U3∶∶pNir 菌株不能生长，而第三排蛋白质和靶标基因互作的菌株生成较大的菌落。表明在正筛选培养基中，蛋白质和靶标基因互作的菌株报告基因 *his3* 表达，菌株能够在 *his* 缺陷的培养基上正常生长。同样地，在添加适量浓度的亚硝酸盐正筛培养基中，观察在亚硝酸盐胁迫下 GlnR 蛋白是否与 pNir 相互作用。其结果与不添加亚硝酸盐的正筛培养基一样。所以细菌单杂交实验表明，GlnR 蛋白能够和 pNir 在 US0 菌株胞内相互结合，并且在亚硝酸盐胁迫下 GlnR 蛋白也可以与 pNir 相互作用。在添加组氨酸的正筛培养基中 US0/pH3U3 与 US0/pH3U3∶∶pNir 没能正常生长，US1/pH3U3∶∶pNir 菌株正常生长可能是 *his* 缺陷的培养基中组氨酸添加浓度不足导致。故以上细菌单杂交实验证明 GlnR 蛋白与 *Nir* 启动子片段有相互作用。

参考文献

［1］　何婷婷.植物乳杆菌亚硝酸盐还原酶基因的编码研究［D］.上海：上海师范大学，2012.

［2］　龚刚明，管世敏.乳酸菌降解亚硝酸盐的影响因素研究［J］.食品工业，2010(5)：6-8.

［3］　陈燕红，程萍，喻国辉，等.沼泽红假单胞菌 *Rhodopseudomonas palustris* 2-8 的亚硝酸盐还原酶基因克隆和序列分析［J］.微生物学通报，2011，38(5)：647-653.

［4］　应碧，昌晓宇，刘志文，等.亚硝酸盐胁迫下植物乳杆菌 WU14 亚硝酸盐还原酶的食品级高效诱导表达及其酶学性质研究［J］.中国农业科学，2015，48(7)：1415-1427.

［5］　Atkins P，Overton T. Inorganic chemistry 4th and biological inorganic chemistry［M］.New York：W H Freeman & Company，2006.

［6］　张庆芳，迟乃玉，郑燕，等.乳酸菌降解亚硝酸盐机理的研究［J］.研究报告，2002，28(8)：27-31.

［7］　Braker G，Fesefeldt A，Witzel K P. Development of PCR primer systems for amplification of nitrite reductase genes（nirK and Nir）to detect denitrifying bacteria in environmental samples［J］. Applied and Environmental Microbiology，1998，64(10)：3769-3775.

［8］　Brown N L，Stoyanov J V，Kidd S P，et al. The MerR family of transcriptional regulators

[J]. FEMS Microbiology Reviews，2003，27(2-3)：145-163.

[9]　冯丹.无乳链球菌 GlnR 因子的原核表达及其与 DNA 的相互作用研究 [D].柳州：广西科技大学，2013.

[10]　Tiffert Y，Supra P，Wurm R，et al. The *Streptomyces coelicolor* GlnR regulon：identification of new GlnR targets and evidence for a central role of GlnR in nitrogen metabolism in actinomycetes [J]. Molecular Microbiology，2008，67(4)：861-880.

[11]　夏杰，易弋，王佳.无乳链球菌 GlnR 因子 DNA 结合位点预测及其突变基因的构建 [J].湖北农业科学，2013，52(23)：5903-5905.

[12]　冯丹，易弋，杨军，等.罗非鱼无乳链球菌基因 glnR 的克隆及原核表达 [J].贵州农业科学，2013，41(5)：20-23.

[13]　Larsen R，Kloosterman T G，Kok J，et al. GlnR-mediated regulation of nitrogen metabolism in *Lactococcus lactis* [J]. Journal of Bacteriology，2006，188(13)：4978.

[14]　Peimin C，Yiywan M C，Sungliang Y，et al. Role of GlnR in acid-mediated repression of genes encoding proteins involved in glutamine and glutamate metabolism in *Streptococcus mutans* [J]. Environment Microbiology，2010，76(8)：2478.

[15]　Sven M，Yvonne T，Julia M，et al. The roles of the nitrate reductase NarGHJI，the nitrite reductase NirD and the response regulator GlnR in nitrate assimilation of *Mycobacterium tuberculosis* [J]. Microbiology，2009(155)：1332-1339.

[16]　冯辉.一个新型细菌单杂交系统报告载体的构建及其在转录因子发现中的应用 [D].武汉：华中农业大学，2007.

[17]　Mayne S T，Risch H A，Dubrow R，et al. Nutrient intake and risk of subtypes of Esophageal and gastric cancer [J]. Cancer Epidemiol Biomarkers Prev，2001，10(10)：1055-1062.

第4章

亚硝酸盐胁迫下植物乳杆菌 WU14 中 GlnR 与 Nir 表达调控机制研究

4.1 利用酵母双杂交研究 GlnR 与 Nir 的互作与表达调控

酵母双杂交是一种在真核生物酵母中进行，通过转录激活因子的特殊性，可用于研究蛋白质之间的相互作用的一项技术[1]。酵母双杂交技术还能用来研究是否存在新的相互作用蛋白质，以及寻找鉴定新的基因[2]。该技术具有操作简单、灵敏性强等优点。它的作用原理为：AH109 酿酒酵母菌里有一种 GAL4 转录激活因子[3]，这种转录激活因子由 DNA 结合区域（BD）[4] 和转录激活区域（AD）[5] 两个结构域构成，当两个结构域由于某种作用相互靠近时，会激活 GAL4 转录因子，使下游基因转录表达。

4.1.1 亚硝酸盐还原酶（Nir）基因和 GlnR 基因的克隆

通过特异性引物对 Nir 和 GlnR 进行特异性扩增，并利用生物信息学软件 Vector NTI 分析基因序列，结果表明该基因全长为 1638bp，共编码 546 个氨基酸，通过 NCBI 蛋白比对，结果显示该基因与已报道的其他来源的亚硝酸盐还原酶基因相似性为 99%，说明该基因为亚硝酸盐还原酶基因，Nir 的 PCR 扩增凝胶电泳表明扩增条带大小为 1638bp，与理论值保持一致；GlnR 基因 PCR 扩增凝胶电泳表明基因大小为 381bp，与理论值保持一致。

4.1.2 GlnR-pGBKT7 诱饵载体和报告载体 Nir-pGADT7 的构建

将载体 pGBKT7 和 pGADT7 用限制性内切酶进行双酶切，凝胶电泳结果如

图 4-1 所示，1 泳道为 pGBKT7 质粒，2 泳道为 pGADT7 质粒，将酶切后质粒回收，与目的片段重组连接。

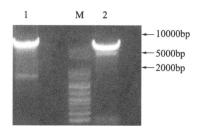

图 4-1　质粒 pGBKT7 与 pGADT7 的双酶切

4.1.3　菌落 PCR 检测重组载体 pAD-Nir 和 pBD-GlnR

利用重组试剂盒将目的片段与两个载体连接，成功获得了 pBD-GlnR 和 pAD-Nir 两个重组质粒。如图 4-2 和图 4-3 所示为菌落 PCR 检测的核酸凝胶电泳图，结果显示条带大小与理论值一致，选样送测序，结果显示载体连接成功。

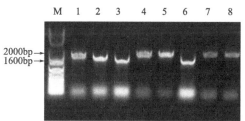

图 4-2　菌落 PCR 验证载体 pAD-Nir

图 4-3　菌落 PCR 验证载体 pBD-GlnR

4.1.4　融合载体的自激活和毒性检测

用重组质粒 pBD-GlnR 转化 AH109 酵母感受态细胞并涂布二缺板 SD/－Leu/－Trp/X-α-Gal、三缺板 SD/－Leu/－Trp/－His 和四缺板 SD/－Ade/－Leu/－Trp/－His。于 30℃ 倒置培养 72h 发现在二缺板长出了粉色菌落，如图 4-4 所示，结果说明重组载体 pBD-GlnR 没有发生自激活作用，转录因子 GAL4 未被激活，导致下游的半乳糖苷酶基因表达受抑制，不产生半乳糖苷酶，故平板上的 X-α-Gal 底物未被降解，因此不能形成蓝色菌斑。将 pGBKT7 空质粒和重组质粒 pGBKT7-GlnR 分别转化 AH109 酵母感受态细胞，30℃ 培养 72h，挑取平板上单菌落分别接种于 50mL SD/－Trp/Kana 液体培养基中，在 30℃、250r/min 条件下过夜培养。检测两者菌液 OD$_{600}$，发现它们的 OD$_{600}$ 值没有明显差别，此结果说明融合载体表达的蛋白质对酵母菌 AH109 无毒害作用，不影响其正常生长。

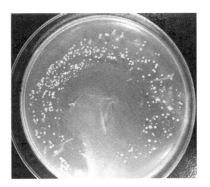

图 4-4　自激活检验结果

4.1.5　亚硝酸盐还原酶（Nir）和调控蛋白 GlnR 相互作用分析

将两个重组载体 pGBKT7-Nir 和 pGADT7-GlnR 共转染 AH109 酵母感受态细胞，对应的空载体 pGBKT7 和 pGADT7 分别转染 AH109 酵母感受态细胞，然后涂布有底物 X-α-Gal 的三缺板 SD/－Leu/－Trp/－His＋X-α-Gal 上进行筛选，结果如图 4-5 所示，可以看出共转染空载体 pGBKT7 和 pGADT7 的三缺板上长出粉色菌落，但共转染的两个重组质粒的三缺板上长出蓝色菌落，如图 4-6 所示，由此证明 Nir 和 GlnR 之间有相互作用，促进了转录因子的两个结构域（DNA 结合结构域 BD 和激活结构域 AD）相互靠近，从而启动了下游半乳糖苷酶基因的转录，表达的半乳糖苷酶降解平板上的底物 X-α-Gal，生成了蓝色产物，形成了蓝色菌落。

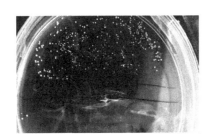

图 4-5　pGBKT7 和 pGADT7 空载转化结果

图 4-6　Nir 和 GlnR 蛋白相互作用结果

4.1.6　植物乳杆菌 WU14 RNA 的提取

前期研究中，在植物乳杆菌 WU14 的 MRS 培养基中添加不同浓度的亚硝酸盐，以不加亚硝酸盐的菌株作为对照，每隔 1h 测其菌体浓度，观察菌体生长状况，发现在亚硝酸盐浓度为 5mg/mL 时，菌体可缓慢生长，但在 15mg/mL 时菌体几乎不生长，表明在高浓度亚硝酸盐的刺激下 WU14 不会生长。故选取低浓度的亚硝酸盐进行在亚硝酸盐胁迫下，GlnR 对于 NirR 基因转录的 qRT-PCR 实验，以研究 GlnR 调控 Nir 基因的机制。实验中在培养基中分别加入 0mg/mL、1mg/mL 和 3mg/mL 亚硝酸盐诱导，提取诱导后植物乳杆菌 WU14 的 RNA，凝胶电泳结果如图 4-7 所示，从三条泳道显示 RNA 提取效果良好，适用于进行下一步荧光定量实验。

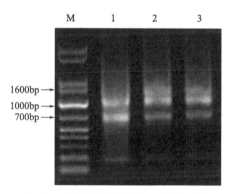

图 4-7　植物乳杆菌 WU14 RNA 结果

4.2　凝胶阻滞验证 GlnR 蛋白与 Nir 互作和表达调控

　　GlnR 是一种革兰阳性菌的全局性转录调控因子，研究发现 GlnR 调控因子在氮代谢的调控中扮演重要角色，参与调控许多氮代谢相关的基因，如 *glnA*、*nirBD*、*glnK*、*glnII* 等都受 GlnR 的调控。GlnR 蛋白分为两类，一类是 MerR 蛋白家族，另一类为 OmpR 蛋白家族，不同来源的 GlnR 调控蛋白归属家族不同，但调控机制基本相似。乳酸乳球菌是革兰阳性菌的模式菌株，它内含调控氮代谢的 GlnR 蛋白基因[6]。Larsen 利用 DNA 微阵列和 GlnR 缺失突变体实验在乳酸乳球菌中找到了 10 个 GlnR 的靶基因[7]。研究发现在 GlnR 缺失突变体中，glnA 操纵子显著受到抑制[8]，证实了乳酸菌中含有 GlnR 调控蛋白，且对氮代谢相关基因起调控作用。

　　凝胶阻滞（EMSA）分析方法是用来研究 DNA 与靶蛋白相互作用的技术，该技术操作相对简便，成本相对较低，对转录调控因子和其靶标序列之间的相互作用可给予直观的有利证据。用 DNA 片段与纯化蛋白质进行结合孵育反应，然后进行非变性聚丙烯酰胺凝胶电泳。与游离 DNA 相比，蛋白质-DNA 复合物的迁移率将降低,因此,如果蛋白质与 DNA 有相互作用则会观察到"阻滞"的现象[9]。

4.2.1　PCR 扩增 GlnR 基因

(1) PCR 扩增 GlnR 基因过程　以植物乳杆菌 WU14 基因组为模板,利用 PCR 特异性引物扩增 GlnR,GlnR 基因理论值为 381bp,如图 4-8 所示的两条泳道均为扩增出来的 GlnR 基因,从图中可以看出片段为单一条带,且浓度高,片段大小和理论值一致,符合预期大小。

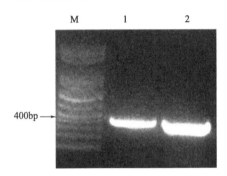

图 4-8　GlnR 基因 PCR 结果图

(2) 克隆载体 T3-GlnR 的菌落 PCR 检测　用 M13 引物进行 PCR 扩增时会扩增出 200bp 大小 T3 质粒上的片段,所以在菌落 PCR 分析时预计 581bp 的条带为阳性克隆菌。图 4-9 中 8 个泳道均为 Trans1/T3-GlnR 的菌落 PCR 验证,结果表明 GlnR 与 T3 载体连接效果很好,阳性率很高,其中挑取 7、8 号泳道中的菌株送去测序,显示测序结果正确。运用 NCBI 在线网站分析该基因的氨基酸序列,发现该 GlnR 蛋白属于 MerR 家族,结果如图 4-10 所示,与已测过全基因组序列的戊糖乳杆菌 MP-10 来源的 GlnR 蛋白相似性为 96%,该基因编辑 129 个氨基酸,理论分子量为 14.7kDa,等电点为 8.9,利用 Signal P4.1 Server 预测该基因无信号肽。

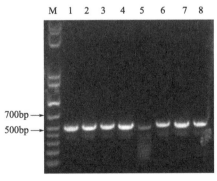

图 4-9　Trans1/T3-GlnR 菌落 PCR 结果

图 4-10　NCBI 氨基酸序列比对

4.2.2　pPIC9-GlnR 表达载体的构建

重组载体 pPIC9-GlnR 的菌落 PCR 检测：酵母表达载体的菌落 PCR 检测是以 AOX 为引物进行扩增，GlnR 基因为 381bp，加上载体上的片段 500bp，如图 4-11 所示为菌落 PCR 凝胶电泳图，图中 8 个克隆子的扩增条带都在 700～1000bp 之间，与理论值一致，选 1 和 2 两个克隆子测序，结果显示载体连接成功。

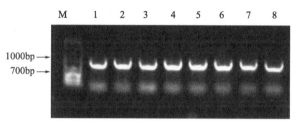

图 4-11　重组载体 pPIC9-GlnR 的菌落 PCR 检测

4.2.3　SDS-PAGE 分析重组载体 pPIC9-GlnR 的表达产物

取 24 个酵母小管的上清液进行 SDS-PAGE 电泳验证，结果显示没有 GlnR 的目的条带，说明该基因在毕赤酵母中未表达，下一步转为在大肠杆菌中表达以备凝胶阻滞实验。

4.2.4　pET-30a-GlnR 表达载体的构建

（1）T3-GlnR 重组克隆质粒与 pET-30a 质粒双酶切　如图 4-12 所示为 GlnR 基因与 pET-30a 质粒 *Hind*Ⅲ 和 *Not*Ⅰ 双酶切的凝胶电泳结果，其中 1 号泳道为 GlnR 基因、2 号泳道为 pET-30a 质粒，大小均正确，将酶切后的片段回收连接。

（2）菌落 PCR 检测表达质粒 pET-30a-GlnR　以 M13 为检测引物，当片段没有成功连接载体时 PCR 扩增出来的是载体上面的序列，大小为 200bp，如图 4-13 所示的凝胶电泳显示 1 号和 2 号克隆子未连接成功，当片段连接上载体时，扩增出片段大小为 581bp，如 5、6、7 泳道的克隆子，PCR 扩增条带大小在 200～700bp 之间，选样送测序，结果显示目的片段成功连接表达载体。

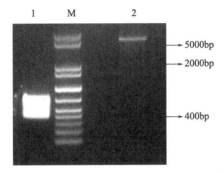

图 4-12　GlnR 基因与 pET-30a 质粒双酶切

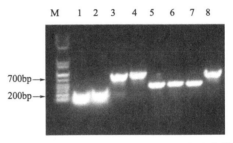

图 4-13　菌落 PCR 检测 pET-30a-GlnR 表达载体结果

4.2.5　GlnR 蛋白的诱导表达与纯化

以 SDS-PAGE 分析 GlnR 蛋白。GlnR 蛋白理论分子量大小为 14.7kDa，如图 4-14 所示为 GlnR 蛋白电泳凝胶图，用不同浓度的咪唑对 GlnR 蛋白进行洗脱，泳道 1 为 NTA100 洗脱下来的蛋白，泳道 2 为 NTA200 洗脱下来的蛋白，图中所示在 15kDa 下有一明显条带，与理论值一致，说明该蛋白在 NTA200 洗脱下来。将该蛋白切胶进行质谱鉴定，结果如图 4-15 所示，结果表明该蛋白为目的蛋白。

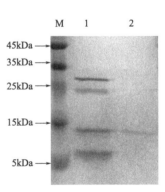

图 4-14　GlnR 蛋白的
SDS-PAGE 分析

图 4-15　GlnR 蛋白质谱鉴定结果

4.2.6　GlnR 蛋白与亚硝酸盐还原酶（Nir）的相互作用

（1）亚硝酸盐还原酶启动子（Pnir）基因的获取　Pnir 基因理论分子大小为 401bp，PCR 扩增结果如图 4-16 所示，1、2 泳道有一明显单一的条带，条带大小为 400bp，与理论值相一致。

（2）凝胶阻滞分析 GlnR 蛋白与 Pnir 的相互作用　将 Pnir 与 GlnR 结合孵育后，用 6％非变性凝胶分析 GlnR 与 Nir 是否能发生相互作用，结果如图 4-17 所示，其中 1 泳道是未加 Pnir 基因的 GlnR 蛋白、2～4 泳道为 GlnR 蛋白与 Nir 启动子基因结合的复合物，结果表明实验组 GlnR-Pnir 复合物迁移速率显著低于未结合 Pnir 的对照组，由此推测 GlnR 蛋白与 Pnir 启动子有一定的相互作用关系，导致迁移速率受到影响。

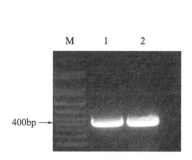

图 4-16　PCR 扩增 Pnir 基因

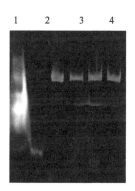

图 4-17　凝胶阻滞结果

4.3　qRT-PCR 实验分析亚硝酸盐胁迫 GlnR 对 Nir 的表达调控作用

乳酸菌是以可发酵糖为原料然后产生乳酸的 G^+ 细菌的统称。其普遍存在于自然界中，动物乳酸菌和植物乳酸菌都没有芽孢，构成了乳酸菌的两大类别。它们从形态上也可分为乳酸链球菌族与乳酸杆菌族两大类[10,11]。据报道，支气管中及消化系统中的植物乳杆菌可引起免疫调节，其原因在于植物乳杆菌会使 IgA^+ 和 $CD4^+$ T 细胞抗感染和疾病的性能提高，所以植物乳杆菌在提升免疫中的作用可见一斑[12]。肠道中的病原菌所需的营养会被大量的乳酸菌争夺，所以在肠道中的乳酸菌会对 G^- 和 G^+ 病原菌的生长加以限制。乳酸菌分泌产生乳酸、细菌素可以降低胆固醇，对于保护肠道消化系统健康有重要作用[13]。与此同时，也发现植物乳杆菌可以高效降解亚硝酸盐。作为一种高效环保型益生菌，植物乳杆菌在预防、治疗疾病以及在发酵工业中具有广阔的发展前景。

4.3.1 WU14 生长曲线测定

如图 4-18 所示为添加 0mg/mL、5mg/mL、10mg/mL、15mg/mL NaNO$_2$ 的 MRS 培养基中植物乳杆菌 WU14 的生长曲线。在添加 0mg/mL NaNO$_2$ 时，WU14 生长曲线呈明显的细菌生长趋势，经过对数生长期到达平稳期，再添加亚硝酸盐后菌株几乎呈抑制生长状态；在 NaNO$_2$ 浓度达到 15mg/mL 时，菌株几乎不生长。所以在选择适合的亚硝酸盐浓度抑制植物乳杆菌 WU14 生长时，要选取低于 5mg/mL 的 1mg/mL 与 3mg/mL 的浓度，在这两个浓度下研究亚硝酸盐胁迫下 GlnR 对 Nir 的调控作用。

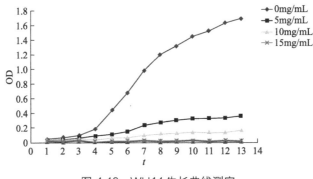

图 4-18　WU14 生长曲线测定

4.3.2 实时荧光定量 PCR（qRT-PCR）

（1）引物验证试验　如图 4-19 所示，1、2、3 泳道中为 16S rRNA 引物基因组扩增基因图片；4、5、6、7 泳道中为基因组扩增 GlnR 基因图片；8、9、10、11 泳道中为基因组扩增 Nir 基因条带。扩增 16S rRNA、GlnR、Nir 基因理论值分别为 390bp、200bp、150bp，图中条带大小与基因理论值一致，所以三对引物均可用于荧光定量 PCR 的扩增。

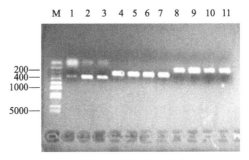

图 4-19　引物验证试验

（2）亚硝酸盐胁迫下植物乳杆菌 WU14 RNA 提取 如图 4-20 所示，1、2、3 分别为 3mg/mL、1mg/mL、0mg/mL 亚硝酸盐胁迫下，MRS 培养基培养的 WU14 提取 RNA 凝胶电泳验证结果，从中可以看出 2、3 泳道 RNA 提取较好，可看到两条条带。

如图 4-21 所示，1、2 分别为 1mg/mL、3mg/mL 亚硝酸盐胁迫下，MRS 培养基培养的 WU14 提取 RNA 凝胶电泳验证结果，从中可以看出 RNA 提取较好，可看到两条条带。

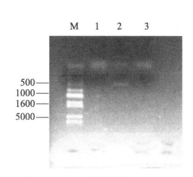

图 4-20 亚硝酸盐胁迫下植物乳杆菌 WU14 RNA 提取（1）

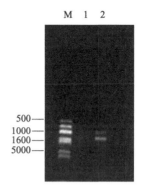

图 4-21 亚硝酸盐胁迫下植物乳杆菌 WU14 RNA 提取（2）

（3）荧光定量 qRT-PCR 如图 4-22 所示为测定实时监测绘制的扩增曲线，从左至右分别是 16S rRNA、Nir、GlnR，选取对数增长期处，平行较好处，设定基线。

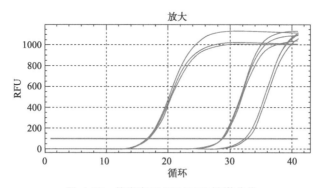

图 4-22 荧光定量 RT-PCR 扩增曲线

如图 4-23 所示为 16S rRNA 熔解曲线，呈单一峰形，基线平滑，说明模板没有污染且没有引物二聚体产生。

如图 4-24 所示为 Nir 熔解曲线，呈单一峰形，基线平滑，说明模板没有污染且没有引物二聚体产生。

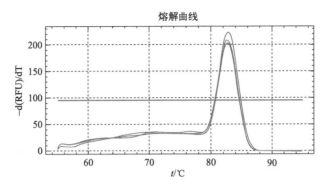

图 4-23　RT-PCR 16S rRNA 熔解曲线

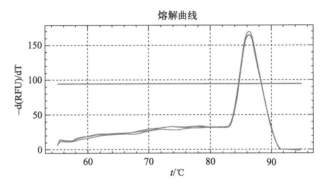

图 4-24　RT-PCR Nir 熔解曲线

如图 4-25 所示为 GlnR 熔解曲线，呈单一峰形，基线平滑，说明模板没有污染且没有引物二聚体产生。

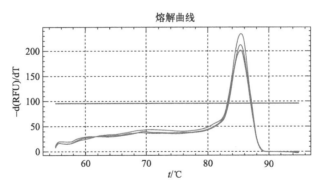

图 4-25　RT-PCR GlnR 熔解曲线

表 4-1 中所列为 GlnR 基因与 Nir 基因在不同浓度亚硝酸盐胁迫下表达，荧光定量实验法分析的结果，"（）"中的数值代表负值。

表 4-1　荧光定量实验法测定数据

基因	Ct 值	Ct 平均值	ΔCt	△△Ct 相对拷贝数 $2^{-\Delta\Delta Ct}$
GlnR(0mg/mL)	28.32/28.04/28.06	28.14	0	1
GlnR(1mg/mL)	28.56/28.70/28.47	28.57	(0.07)	1.05
GlnR(3mg/mL)	28.58/28.62/28.62	28.61	0.95	0.51
Nir(0mg/mL)	32.51/31.63/31.95	32.03	0	1
Nir(1mg/mL)	31.81/31.70/31.48	31.66	(0.87)	1.83
Nir(3mg/mL)	32.72/32.37/32.39	32.49	0.88	0.54

图 4-26 中的柱形从左至右依次为 GlnR(0mg/mL)、GlnR(1mg/mL)、GlnR
(3mg/mL)、Nir(0mg/mL)、Nir(1mg/mL)、Nir(3mg/mL) 基因相对拷贝数。
由此可知在亚硝酸盐浓度增加至 1mg/mL 时，GlnR 和 Nir 基因表达量增加，但
是在亚硝酸盐浓度增加至 3mg/mL 时，GlnR 和 Nir 基因表达量明显降低。说明
微量增加亚硝酸盐浓度会促进 GlnR 与 Nir 基因表达，但继续增加亚硝酸盐后，
表达量明显减少。

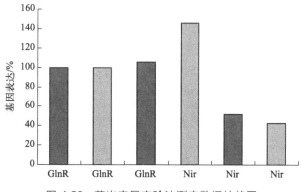

图 4-26　荧光定量实验法测定数据柱状图

4.4　结论

笔者所在团队成功克隆并获得了植物乳杆菌 WU14 的 GlnR 蛋白与 Nir 基
因，通过酶切重组连接方法成功构建了诱饵载体和报告载体。由于有些蛋白质在
酵母菌内表达时，会对酵母宿主产生强烈的毒害作用，导致酵母菌在培养基上生
长缓慢甚至不能在培养基上生长，但如果质粒自身携带转录激活区域，则无须两
个结构域靠近，它自己就可以直接激活转录因子，导致下游基因转录表达，因此
会导致大量的假阳性结果，因此在酵母双杂交实验中还需要验证蛋白质的自激活
性和对酵母的毒害作用，以减少实验的假阳性结果。本实验中，我们将空载体与

两个重组载体同时转化感受态酵母菌，培养 3 天后，在二缺平板 SD/－Leu/－Trp/X-α-Gal 上没有发现蓝色菌落，说明转化子没有激活转录因子 GAL4 的启动，使下游半乳糖苷酶基因表达受到抑制，不会产生降解 X-α-Gal 的半乳糖苷酶，因此不能形成蓝色菌斑。还验证了将 pGBKT7 空质粒和诱饵重组质粒 pBD-GlnR 分别转化 AH109 酵母感受态细胞，培养 3 天后，转入液体培养基中培养 24h 后测其 OD_{600}，发现两者之间 OD 值相差不大，OD_{600} 值均大于 1，说明 pBD-GlnR 所表达的蛋白质对酵母菌 AH109 无毒性，不影响其正常生长，该结果说明该蛋白质对宿主酵母菌不产生毒害作用，也不发生自激活作用，能继续进行下一步的酵母双杂交实验。

在酵母双杂交实验中，我们发现共转染的诱饵载体和报告载体在三缺板 SD/－Leu/－Trp/－His＋X-α-Gal 上长出蓝色菌落，由此证实了 GlnR 调控蛋白与 Nir 有一定的相互作用关系，从而促进了转录因子的 DNA 结合结构域和 BD 激活结构的相互靠近，使 GAL4 转录因子激活，启动下游报告基因半乳糖苷酶基因的转录表达，分解底物 X-α-Gal 生成了蓝色产物。

这里首先运用 NCBI 分析在线植物乳杆菌的 Nir 和 GlnR 基因，获取了 Nir 和 GlnR 基因序列，成功克隆了植物乳杆菌 WU14 的 Nir 和 GlnR 基因，利用 Vector NTI 软件分析蛋白质序列。结果显示植物乳杆菌 WU14 的 GlnR 属于 MerR 家族。其基因编码 129 个氨基酸，理论分子量为 14.7kDa，等电点为 8.9，推测该基因无信号肽。然后在大肠杆菌中成功实现了 GlnR 的异源表达，质谱鉴定该蛋白质为 GlnR 蛋白。为了证实 GlnR 对亚硝酸盐还原酶（Nir）有相互作用的关系，可调控 Nir 的转录，本实验进行了凝胶阻滞迁移实验，结果显示未与亚硝酸盐还原酶的启动子（Pnir）结合的 GlnR 蛋白在非变性胶上的迁移速率要比 Pnir-GlnR 复合物迁移速率高，其条带在活性胶的下方，而 Pnir-GlnR 复合物由于迁移率低的原因条带位于未结合 DNA 的条带的上方。研究结果表明 GlnR 蛋白可识别 Nir 操纵子上面的特异序列，促使该蛋白质与 Pnir 结合，从而调控 Nir 基因的转录，证实了 GlnR 调控蛋白与 Nir 有相互作用。

研究植物乳杆菌 WU14 在亚硝酸盐中的生长状况，在 WU14 的 MRS 培养基中添加不同浓度的亚硝酸盐，以不加亚硝酸盐的菌株作为对照，每隔 1h 测其菌体浓度，观察菌体生长状况。实验中发现在亚硝酸盐浓度为 5mg/mL 时，菌体可缓慢生长，但在 15mg/mL 时菌体几乎不生长。表明在高浓度亚硝酸盐的刺激下 WU14 不会生长，所以选取低浓度的亚硝酸盐进行亚硝酸盐胁迫下 GlnR 对于 Nir 基因转录的 qRT-PCR 实验，以进行亚硝酸盐胁迫下 GlnR 调控 Nir 基因的研究。

实时荧光定量 PCR（qRT-PCR）是基于 PCR 反应，在检测装置上增加检测荧光信号的灵敏探头，在进行 PCR 的同时对于信号进行整理生成熔解曲线和扩增曲线，对于数据进行整理，可得转录初 RNA 的转录情况。SYBR Green 标记一种只能结合到 DNA 双链上的荧光物，产生荧光信号[14]。16S rRNA 基因在细菌中的转录相当稳定，所以采用 16S rRNA 作为参比基因，研究在不同浓度亚硝酸盐胁迫下，Nir 基因与 GlnR 基因的转录扩增情况，采用荧光定量 PCR 仪可准确判断其转录情况。

由 qRT-PCR 实验结果可知，在增加亚硝酸盐浓度为 1mg/mL 时 GlnR 基因与 Nir 基因的转录量明显增加，而在增加至 3mg/mL 时 GlnR 基因与 Nir 基因的转录量明显降低。说明在低浓度的亚硝酸盐胁迫下 GlnR 对 Nir 基因产生正调控，使 Nir 基因转录量增加，致使亚硝酸盐还原酶的量增加，但是在逐渐增加亚硝酸盐浓度至 3mg/mL 后 GlnR 基因与 Nir 基因的转录量明显降低，说明高浓度的亚硝酸盐不利于菌体生长，使 GlnR 蛋白生成量变低致使 Nir 的产生量降低。因此研究结果证明在亚硝酸盐胁迫由低浓度逐渐升高至 3mg/mL 的情况下植物乳杆菌 WU14 的 GlnR 基因与 Nir 基因的转录量都是同增同减的，GlnR 对 Nir 具有正调控作用[15]。

参考文献

[1]　江湖，田健，应碧，等. GlnR 介导的代谢调控研究进展［J］. 生物技术进展，2014，4（2）：90-95.

[2]　陈炫，汤绍辉，唐晖，等. 凝胶阻滞试验分析铜绿假单胞菌 LexA 蛋白与其靶位点的特异性结合［J］. 暨南大学学报（自然科学与医学版），2008，29(4)：381-384.

[3]　Fields S，Song O. A novel genetic system to detect protein-protein interactions. Nature，1989，340(6230)：245-246.

[4]　Brachmann R K，Boeke J D. Tag games in yeast：the two-hybrid system and beyond［J］. Current Opinion in Biotechnology，1997，8(5)：561-568.

[5]　李尧锋，张楠阳，赵永聚. 酵母双杂交中诱饵蛋白载体的构建与鉴定方法［J］. 中国生物工程杂志，2012，32(2)：123-127.

[6]　龚钢明，何婷婷，高能. 植物乳杆菌亚硝酸盐还原酶基因在大肠杆菌中表达［J］. 中国酿造，2012，31(11)：135-137.

[7]　刘志文，袁伟静，张三燕，等. 三江镇腌菜中降解亚硝酸盐乳酸菌的筛选和初步鉴定［J］. 食品科学，2012，33(1)：166-169.

[8]　Deguchi Y，Morishita T. Nutritional Requirements in Multiple Auxotrophic Lactic Acid Bacteria：Genetic Lesions Affecting Amino Acid Biosynthetic Pathways in *Lactococcus lactis*，*Enterococcus faecium*，and *Pediococcus acidilactici*［J］. Journal of the Agricultural Chemical Society of Japan，1992，56(6)：913.

[9]　Larsen R，Kloosterman T G，Kok J，et al. GlnR-mediated regulation of nitrogen metabolism in *Lactococcus lactis*［J］. Journal of Bacteriology，2006，188(13)：4978.

［10］ 段宇珩，谈重芳，王雁平，等.乳酸菌鉴定方法在食品工业中的应用及研究进展［J］.食品工业科技，2007(2)：242-244.

［11］ Zumft W G. Cell biology and molecular basis of denitrification［J］. Microbiology and Molecular Biology Reviews，1997，61(4)：533-616.

［12］ 王水泉，包艳，董喜梅，等.植物乳酸杆菌的生理功能及应用［J］.中国农业科技导报，2010，12(04)：49-55.

［13］ 张莉.植物乳酸杆菌黏附特性研究及其在益生菌干酪中的应用［D］.长春：吉林大学，2013.

［14］ 陈旭，齐凤坤，康立功，李景富.实时荧光定量技术研究进展及其应用［J］.东北农业大学学报，2010，41(8)：148-155.

［15］ Hulin Q，Xiaoyu C，Yan L，et al. Regulation of *Nir* gene in *Lactobacillus plantarum* WU14 mediated by GlnR［J］. Frontiers in Microbiology，2022. DOI：10.3389/fmicb.2022.983485.

第 5 章

Fnr 参与植物乳杆菌 WU14 亚硝酸盐降解的调控机制

5.1 Fnr 和 GlnR 的重组表达和纯化

5.1.1 *fnr* 和 *glnR* 基因扩增及序列分析

利用特异性引物 Fnr-F(*Bam*HⅠ) 和 Fnr-R(*Xho*Ⅰ) 以植物乳杆菌 WU14 基因组 DNA 为模板，利用 PCR 扩增 *fnr* 和 *glnR* 基因。*fnr* 大小为 642bp，切胶回收后凝胶电泳如图 5-1 所示，结果显示扩增条带大小正确，条带单一、浓度较高，可用于后续实验。

以植物乳杆菌 WU14 基因组为模板，特异性引物为 GlnR-F（*Bam*HⅠ) 和 GlnR-R（*Xho*Ⅰ）扩增 *glnR* 基因。*glnR* 大小为 381bp，切胶回收后凝胶电泳如图 5-2 所示，结果显示扩增条带大小正确，条带单一、浓度较高，可用于后续实验。

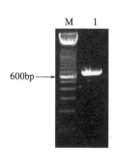

图 5-1 *fnr* 基因 PCR 扩增凝胶电泳图
M—DNA Marker 3000；1—*fnr* 基因

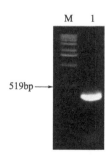

图 5-2 *glnR* 基因 PCR 扩增凝胶电泳图
M—DNA Marker 3000；1—*glnR* 基因

5.1.2 Fnr 和 GlnR 克隆载体的构建

(1) Blunt-*fnr* 载体验证　将回收后的 *fnr* 基因片段与 pEASY-Blunt 载体连接，转入大肠杆菌 TOP 10 感受态细胞中，涂布于含 50μg/mL Kana 的 LB 平板。随机挑取 8 个转化子于含 600μL 50μg/mL Kana 的 LB 液体培养基中过夜培养，利用引物 M13-F/M13-R 进行菌液 PCR 验证，结果如图 5-3 所示，＋泳道以空载体为模板作对照（条带大小为 150bp），－泳道以水为模板作阴性对照，故正确的转化子大小应为空载体加上 *fnr* 基因片段（条带大小为 800bp），1、2 和 6、7 泳道为条带大小正确的转化子，挑选 1 号和 6 号提取质粒。

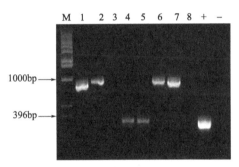

图 5-3　Blunt-*fnr* 载体 PCR 验证
M—DNA Marker 8000；＋—阳性对照；－—阴性对照；1～8—1～8 号转化子

(2) Blunt-*glnR* 载体验证　将回收后的 *glnR* 基因片段与 pEASY-Blunt 载体连接，转入大肠杆菌 TOP 10 感受态细胞中，涂布于含 50μg/mL Kana 的 LB 平板上。随机挑取 8 个转化子于含 600μL 50 μg/mL Kana 的 LB 液体培养基中过夜培养，利用引物 GlnR-F(*Bam*HⅠ)/GlnR-R(*Xho*Ⅰ) 进行菌液 PCR 验证，结果如图 5-4 所示，＋泳道为阳性对照（片段大小 381bp），－泳道以水为模板作阴性对照，故 1、2 和 4～8 为条带大小正确的转化子，选取 1 号和 4 号提取质粒。

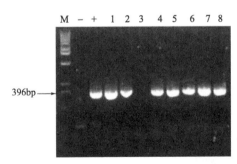

图 5-4　Blunt-*glnR* 载体 PCR 验证
M—DNA Marker 8000；－—阴性对照；＋—阳性对照；1～8—1～8 号转化子

（3）阳性克隆子测序验证　将挑选的 4 个转化子提取质粒，送生物测序部测序鉴定，比对结果显示序列正确。

5.1.3　Fnr 和 GlnR 重组表达质粒的构建

（1）pGEX-6p-1-*fnr* 重组表达载体的验证　利用限制性内切酶 *Bam* H Ⅰ 和 *Xho* Ⅰ 酶切测序正确的 Blunt-*fnr* 克隆载体和 pGEX-6p-1 空载体，以 1% 琼脂糖凝胶电泳检测，切胶回收正确条带，利用 T$_4$ DNA 连接酶将 *fnr* 和 pGEX-6p-1 片段连接，热激转化 Transetta 感受态细胞，涂布于含 50μg/mL Amp 的 LB 平板，挑取 8 个转化子于含 600μL 50μg/mL Amp 的 LB 液体培养基中过夜培养，利用 Fnr-F 和 Fnr-R 引物进行菌液 PCR 验证。结果如图 5-5 所示，＋泳道以克隆载体为模板作阳性对照（条带大小为 642bp），－泳道以水为模板作阴性对照，结果显示 1～8 号条带大小正确，均为阳性转化子，选取其中的 1 号进行后续诱导表达实验。

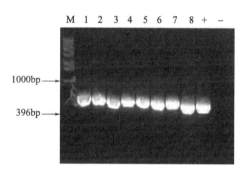

图 5-5　pGEX-6p-1-*fnr* 载体 PCR 验证

M—DNA Marker 8000；1～8—1～8 号转化子；－—阴性对照；＋—阳性对照

（2）pGEX-6p-1-*glnR* 重组表达载体的验证　利用限制性内切酶 *Bam* H Ⅰ 和 *Xho* Ⅰ 酶切测序正确的 Blunt-*glnR* 克隆载体和 pGEX-6p-1 空载体，以 1% 琼脂糖凝胶电泳检测，切胶回收正确条带，利用 T$_4$ DNA 连接酶将 *glnR* 和 pGEX-6p-1 片段连接，热激转化 Transetta 感受态细胞，涂布于含 50μg/mL Amp 的 LB 平板，挑取 8 个转化子于含 600μL 50μg/mL Amp 的 LB 液体培养基中过夜培养，利用 pGEX5′ 和 pGEX3′ 引物进行菌液 PCR 验证。结果如图 5-6 所示，－泳道以水为模板作阴性对照，K 泳道以 pGEX-6p-1 空载体为模板作阴性对照（条带大小 150bp），＋泳道以 pGEX-6p-1-*glnR* 载体为模板作阳性对照，条带大小应为空载体加上 *glnR* 片段（大小为 500bp），1～8 泳道条带大小正确，均为阳性转化子，选取 1 号进行后续诱导表达实验。

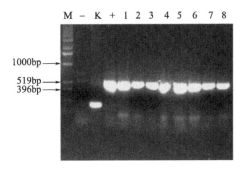

图 5-6 pGEX-6p-1-glnR 载体 PCR 验证
M—DNA Marker 8000；——阴性对照；
K—空载体为对照的阴性对照；+—阳性对照；1~8—1~8 号转化子

5.1.4 Fnr 和 GlnR 重组蛋白的诱导表达、纯化和检测

（1）Fnr 和 GlnR 重组蛋白的诱导表达

① 以 SDS-PAGE 分析 Fnr 重组蛋白 利用生物信息学软件 SnapGene 分析 *fnr* 基因序列，Fnr 蛋白大小为 25kDa，pGEX-6p-1 载体的标签 GST（谷胱甘肽硫转移酶）蛋白也为 25kDa，故用该载体诱导表达目的蛋白的大小应为 50kDa，pET-30a 载体的标签大小可忽略不计。

将挑选的 1 号菌株用 0.1mmol/L IPTG 诱导 16~20h 后收集菌体，破碎菌体后离心收集上清液并用部分缓冲液重悬沉淀，将上清液与沉淀（含空白对照）进行 SDS-PAGE，结果如图 5-7 所示（左、右侧 4 条泳道分别为用 pET-30a 载体、pGEX-6p-1 载体诱导表达的蛋白质；kS 泳道为空载上清液，S 泳道为诱导

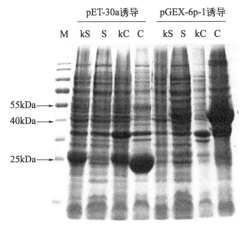

图 5-7 SDS-PAGE 分析 Fnr 蛋白
M—蛋白 Marker；kS—空载诱导上清液；
S—重组表达载体诱导上清液；kC—空载体沉淀；C—重组表达载体沉淀

上清液，kC 泳道为空载沉淀，C 泳道为诱导沉淀），pET-30a 载体诱导时上清液的 25kDa 条带弱于空载，诱导沉淀条带浓度远高于空载沉淀，且堆积成团，故 Fnr 蛋白在 pET-30a 载体中为包涵体表达；pGEX-6p-1 载体诱导时上清液在 50kDa 条带处明显强于空载上清液，诱导沉淀条带浓度远高于空载沉淀泳道，且堆积成团，故 Fnr 蛋白在 pGEX-6p-1 载体中亦为包涵体表达，但上清液中也有部分表达，可以尝试纯化回收。

② 以 SDS-PAGE 分析 GlnR 重组蛋白　利用生物信息学软件 SnapGene 分析 *glnR* 基因序列，GlnR 蛋白理论大小为 15kDa，故重组蛋白理论大小为 40kDa；验证正确的菌体用 0.1mmol/L 的 IPTG 诱导表达，将上清液与沉淀（含空白对照）进行 SDS-PAGE 分析，如图 5-8 所示，在 40kDa 大小条带处诱导上清液中蛋白质浓度高于空载体，为包涵体表达，但上清液中也有可溶性表达，可尝试纯化。

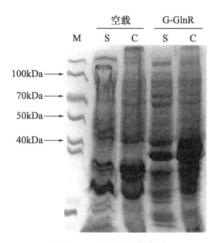

图 5-8　GlnR 蛋白表达
M—蛋白 Marker；S—上清液；C—沉淀

（2）Fnr 和 GlnR 重组蛋白的纯化与检测

① Fnr 蛋白的纯化　将诱导表达的上清液过柱，融合蛋白中的 GST 会吸附滤柱中的介质，其他杂蛋白则因吸附性弱而流出，然后利用浓度梯度谷胱甘肽溶液（与 GST 的亲和性较柱基更强）将融合蛋白洗脱下来，分别回收后进行 SDS-PAGE 分析。结果如图 5-9 所示，6~10 号泳道为洗脱的目的蛋白，6 号泳道中在 50kDa 左右有一条单一条带，大小符合目的蛋白，纯化的蛋白质中杂蛋白较少，可用于后期 EMSA 实验。

② GlnR 蛋白的纯化　方法同 Fnr 蛋白纯化，过柱穿透后用梯度谷胱甘肽洗脱液洗脱，以 SDS-PAGE 分析所得蛋白液，结果如图 5-10 所示，5、15 和 30 泳道为原洗脱蛋白，5N、15N 和 30N 泳道为使用超滤浓缩 5 倍后的蛋白样品。图

中可见 40kDa 处均有单一条带，与目的蛋白大小一致，蛋白纯化较单一浓度低，浓缩后可用于 EMSA 实验。

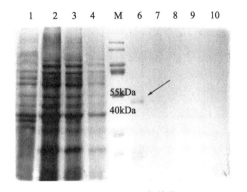

图 5-9　Fnr 蛋白纯化

1—未诱导蛋白上清液；2—诱导蛋白上清液；
3—上清液过柱穿透液；4—Buffer 洗涤；M—蛋白 Marker；
6～10—谷胱甘肽浓度梯度洗脱（2mmol/L、4mmol/L、6mmol/L、8mmol/L、10mmol/L）

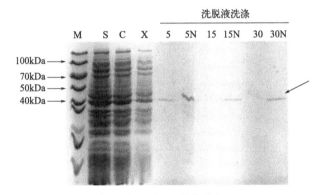

图 5-10　GlnR 蛋白纯化

M—蛋白 Marker；S—诱导上清液；C—上清液过柱穿透；X—Buffer 洗涤；5—5mmol/L 谷胱甘肽洗脱；
5N—5mmol/L 谷胱甘肽洗脱浓缩 5 倍点样；15—15mmol/L 谷胱甘肽洗脱；15N—15mmol/L 谷胱甘肽
洗脱浓缩 5 倍点样；30—30mmol/L 谷胱甘肽洗脱；30N—30mmol/L 谷胱甘肽洗脱浓缩 5 倍点样

③ GlnR 三维结构分析　如图 5-11 所示为利用在线软件 SWISS-MODEL 预测的 GlnR 建模三维结构图。GlnR 蛋白是由螺旋-转角-螺旋结构随后是卷曲结构组合而成的。目标基因与具有晶体结构模板的氨基酸序列相似性达 59.76%。分析比对序列可知目标序列与模板氨基酸序列 N 端基本保守，在具有特异性识别区域的 C 端含有 43 个氨基酸完全不能与模板匹配。以上与 MerR 家族调控因子特性相符。图 5-11 中与蛋白质结合的分子结构是 GlnR 蛋白的辅基与配基小分子。

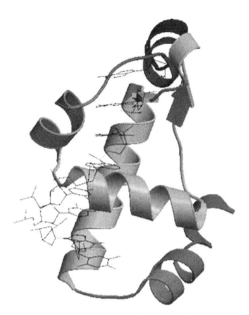

图 5-11　GlnR 建模的三维结构

5.2　凝胶阻滞（EMSA）验证 Fnr 和 GlnR 与 nir 启动子的相互作用

5.2.1　PglnR 和 Pnir 启动子序列的扩增生物素标记

（1）PCR 扩增 PglnR 启动子　以植物乳杆菌 WU14 基因组为模板，利用 PglnR-F/PglnR-R 和 PglnR-FS/PglnR-RS 特异性引物扩增 PglnR 启动子和含生物素标记的 PglnR 启动子，以 1% 琼脂糖凝胶电泳检测，结果如图 5-12 所示。截取 *glnR* 基因前 111bp 作为 *glnR* 基因的启动子，故理论大小为 111bp，1 泳道大小位于 65～230bp 之间，排除引物二聚体可能，为目的条带，可进行下一步实验。

（2）PCR 扩增 Pnir 启动子　以植物乳杆菌 WU14 基因组为模板，利用 Pnir-F/Pnir-R 和 Pnir-FS/Pnir-RS 特异性引物扩增 *Pnir* 启动子和含生物素标记的 Pnir 启动子，以 1% 琼脂糖凝胶电泳检测，结果如图 5-13 所示。截取 *nir* 基因前 400bp 作为 *nir* 基因的启动子，故理论大小为 400bp，1、2 泳道均为 *Pnir*，有无生物素标记不影响凝胶电泳迁移速度，条带大小都为 400bp，和理论值相同，可进行下一步实验。

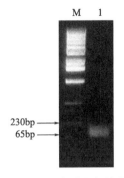

图 5-12　PglnR 启动子凝胶电泳图

M—DNA Marker 8000；

1—PglnR 启动子生物素标记

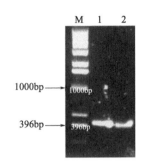

图 5-13　Pnir 启动子凝胶电泳图

M—DNA Marker 8000；

1—Pnir 启动子生物素标记；

2—Pnir 启动子无标记

5.2.2　EMSA 验证 Fnr 与 Pnir 启动子的互作

（1）GST 蛋白纯化　诱导表达空载体 pGEX-6p-1 转化的大肠杆菌，菌体破碎后同纯化重组融合蛋白的方法过柱纯化，用 SDS-PAGE 分析梯度洗脱的洗脱液，结果如图 5-14 所示。GST 理论大小为 25kDa，1、2 号泳道在 25kDa 大小处均有单一条带且浓度高，GST 蛋白纯化效果较好，将其保存用于后期实验。

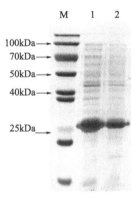

图 5-14　GST 蛋白纯化

M—蛋白 Marker；1—10mmol/L 谷胱甘肽洗脱；2—15mmol/L 谷胱甘肽洗脱

（2）EMSA 验证 Fnr 与 Pnir 启动子互作　通过 EMSA 实验可验证 Fnr 在体外是否与 Pnir 启动子互作，探针 DNA 添加 20fmol，GST 作对照，证明 GST 蛋白未与探针非特异性结合；同时设置重组蛋白梯度和竞争 DNA 梯度。结果如图 5-15 所示，GST 蛋白不与 Pnir 启动子结合，当添加 GST-Fnr 蛋白后会出现 DNA-蛋白质复合物滞留带，并随浓度增加滞留带增强；当添加竞争 DNA 后滞留带减弱，并随着浓度增加逐渐消失。结果表明 Fnr 蛋白可以结合 Pnir 启动子，对 *nir* 基因有调控作用。

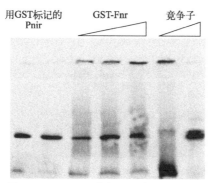

图 5-15　EMSA 分析 Fnr 与 Pnir 结合

5.2.3　EMSA 验证 GlnR 和 Pnir 启动子的互作

通过 EMSA 实验验证 GlnR 在体外是否与 Pnir 启动子结合，结果如图 5-16所示，随着 GlnR 蛋白浓度的增加 DNA-蛋白质复合物滞留条带越来越明显，当加入竞争 DNA 后结合条带减弱并随着浓度增加越来越弱，证明 GlnR 蛋白可以和 Pnir 启动子结合，对 *nir* 基因有调控作用。

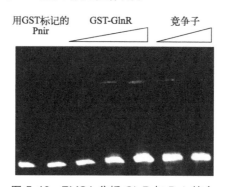

图 5-16　EMSA 分析 GlnR 与 Pnir 结合

5.2.4　EMSA 验证 Fnr 和 PglnR 启动子的互作

通过 EMSA 实验可验证 Fnr 在体外是否与 PglnR 启动子结合，结果如图 5-17所示，GST 蛋白未与 PglnR 启动子结合形成复合物，在加入 GST-Fnr 蛋白的泳道能看到明显的滞留带，而加入竞争 DNA 后，滞留条带明显减弱，并随着浓度的增加逐渐消失，证明 Fnr 蛋白也能与 PglnR 启动子结合，对 *glnR* 的转录具有调控作用。

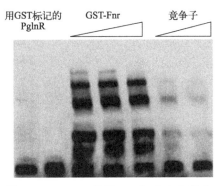

图 5-17　EMSA 分析 Fnr 与 PglnR 结合

5.3　qRT-PCR 验证 *fnr* 和 *nir* 的相对表达量

5.3.1　不同培养条件下植物乳杆菌 WU14 的生长曲线

（1）O（有氧）、A（无氧）、NO（0.1% $NaNO_2$ 胁迫下、有氧）、NA（0.1% $NaNO_2$ 胁迫下、无氧）条件下植物乳杆菌 WU14 的生长曲线（0.1% $NaNO_2$）

O、NO、A、NA 条件下培养植物乳杆菌 WU14 的生长曲线如图 5-18 所示，在 4～12h 菌株处于对数生长期，12～24h 处于平稳期，只有在厌氧培养时，12～24h 菌株还在缓慢增长，较有氧培养时生长状态更好，0.1% $NaNO_2$ 会抑制菌株在后期的生长和菌株最大浓度。

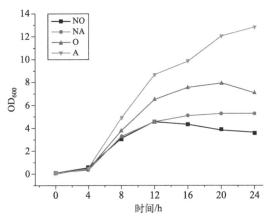

图 5-18　WU14 生长曲线

（2）浓度梯度 NaNO₂ 胁迫下植物乳杆菌 WU14 的生长曲线

① 浓度梯度 NaNO₂ 胁迫有氧培养下植物乳杆菌 WU14 的生长曲线如图 5-19 所示，随着 NaNO₂ 浓度的增加菌体生长抑制程度增加，菌体最大浓度随 NaNO₂ 浓度的增加而减小，当 NaNO₂ 含量为 2％时，培养 12h 后菌体才有生长趋势，且最大菌体浓度也很低，OD_{600} 小于 1，证明 NaNO₂ 浓度越高对菌体的抑制程度越明显。

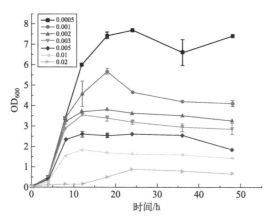

图 5-19　浓度梯度 NaNO₂ 胁迫下植物乳杆菌 WU14 有氧培养生长曲线

② 浓度梯度 NaNO₂ 胁迫下厌氧培养的植物乳杆菌 WU14 生长曲线如图 5-20 所示，随着 NaNO₂ 浓度的增加菌体的生长受到的抑制程度也增加，比较图 5-19 和图 5-20 发现最大菌体浓度值无氧条件下比有氧条件大，证明植物乳杆菌 WU14 在厌氧条件下的生长能力强于在有氧条件。

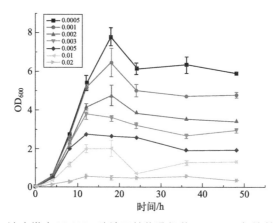

图 5-20　浓度梯度 NaNO₂ 胁迫下植物乳杆菌 WU14 厌氧培养生长曲线

5.3.2 植物乳杆菌 WU14 降解 NaNO₂ 能力测试

（1）0.1% NaNO₂ 胁迫下植物乳杆菌 WU14 的 NaNO₂ 降解能力　测定 0.1%NaNO₂ 胁迫下 O/A 培养时植物乳杆菌 WU14 的 NaNO₂ 降解量变化。在 0.1%NaNO₂ 胁迫下于有氧和无氧条件下培养植物乳杆菌 WU14，测量各时间点培养基中 NaNO₂ 浓度，如图 5-21 所示，在 0.1% NaNO₂ 胁迫下，培养基中 NaNO₂ 减少最快的时间段为 6～12h，参照生长曲线此时菌株处于对数生长期，在 24h 时基本被完全降解，并且在有氧和无氧条件下变化并无太大区别。

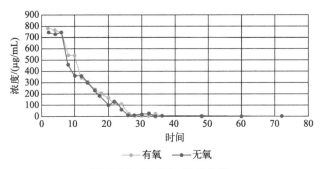

图 5-21　NaNO₂ 浓度曲线

（2）浓度梯度 NaNO₂ 胁迫下植物乳杆菌 WU14 的 NaNO₂ 降解能力

① 在不同浓度 NaNO₂ 胁迫下有氧培养时培养基中 NaNO₂ 含量随时间的变化如图 5-22 所示，随着 NaNO₂ 浓度增加菌株最终降解 NaNO₂ 的量减少，即其降解能力受到抑制，并且含量低于 0.3% 时，NaNO₂ 的最终降解率均超过 70%。

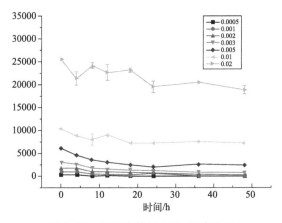

图 5-22　有氧培养 NaNO₂ 浓度曲线

② 在不同浓度 NaNO₂ 胁迫下无氧培养时培养基中 NaNO₂ 含量随时间的变化如图 5-23 所示，菌株降解能力的变化与有氧条件下大致相同，但在无氧条件

下菌株的降解能力高于有氧条件下。

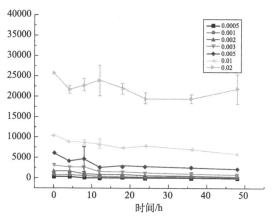

图 5-23　无氧培养 NaNO₂ 浓度曲线

5.3.3　植物乳杆菌 WU14 的 RNA 提取

（1）RNA 提取　分别提取植物乳杆菌 WU14 在 O、A、NO、NA 培养条件下不同时间点的 RNA，每个培养条件和时间点均做 3 个平行，DNase Ⅰ 消除 RNA 中的 DNA 后的凝胶电泳检测结果如图 5-24 所示，除 2h 的 RNA 浓度较低外，其他时间点的 RNA 降解较少，RNA 质量较好，可用作后续实验。

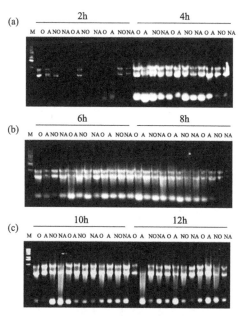

图 5-24　RNA 凝胶电泳

M—DNA Marker 8000；O—有氧条件；A—无氧条件；NO—NaNO₂ 胁迫下有氧条件；NA—NaNO₂ 胁迫下无氧条件

（2）PCR 验证残留的 DNA　以 RNA 为模板，16S rRNA-F 和 16S rRNA-R 为引物扩增 200bp 的 16S rRNA 基因片段，凝胶电泳检测结果如图 5-25 所示，一泳道是以水为模板作阴性对照，＋泳道是以植物乳杆菌 WU14 基因组为模板作对照（条带大小为 200bp），1～72 泳道未见 200bp 条带，证明 RNA 中没有 DNA 残留。

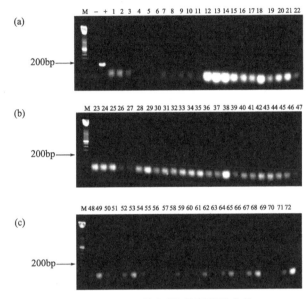

图 5-25　RNA 的 PCR 验证凝胶电泳
M—DNA Marker 8000；——阴性对照；＋—阳性对照；1～72—1～72 号 RNA

5.3.4　RNA 反转录

利用反转录试剂盒将 RNA 反转录为 cDNA 后，以 cDNA 为模板、16S rRNA-F 和 16S rRNA-R 为引物扩增 200bp 的 16S cDNA 基因片段，凝胶电泳检测结果如图 5-26 所示，一泳道以水为模板作阴性对照，＋泳道是以植物乳杆菌 WU14 基因组为模板作阳性对照（条带大小为 200bp），1～72 泳道中也能在 200bp 大小看到明显条带，证明 cDNA 可用于 qRT-PCR 实验。

5.3.5　fnr 和 nir 相对表达量验证

（1）fnr 相对表达量　不同培养条件下 fnr 基因相对内参基因 16S rRNA 的表达量如图 5-27 所示，从（a）和（c）柱状图分析 6～12h 内 fnr 的相对表达量比较统一，无氧条件下的表达量相对有氧条件上调，在 $NaNO_2$ 胁迫下的基因表达量也略微上调，其他条件和时间点分析无法得出比较统一的结论，猜测可能单纯改变培养条件对基因的表达量并无太大影响，偏差较大。

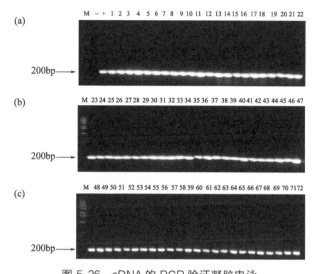

图 5-26　cDNA 的 PCR 验证凝胶电泳

M—DNA Marker 8000；——阴性对照；＋—阳性对照；1～72—1～72 号 cDNA

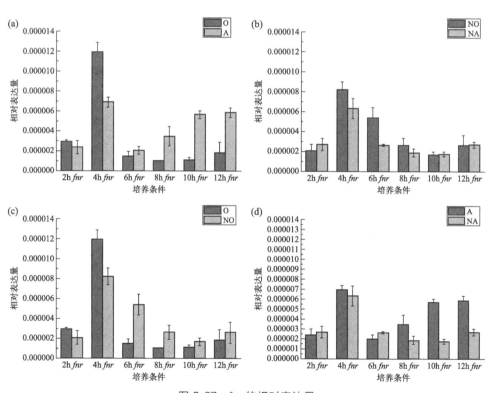

图 5-27　fnr 的相对表达量

O—有氧培养；A—无氧培养；NO—NaNO₂ 胁迫下有氧培养；NA—NaNO₂ 胁迫下无氧培养

（2）*nir* 相对表达量　不同培养条件下 *nir* 基因相对内参基因 16S rRNA 的表达量如图 5-28 所示，从柱状图分析 *nir* 基因的相对表达与 *fnr* 无太大差异，在 6～12h 内 *nir* 基因无氧条件下的表达量相对有氧条件上调，在 NaNO$_2$ 胁迫下的基因表达量也略微上调。

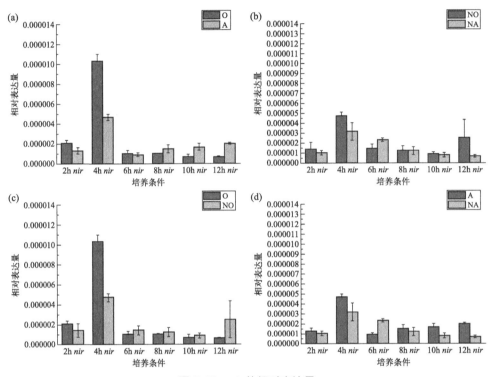

图 5-28　*nir* 的相对表达量

O—有氧培养；A—无氧培养；NO—NaNO$_2$ 胁迫下有氧培养；NA—NaNO$_2$ 胁迫下无氧培养

5.4　结论

Fnr 和 GlnR 是细菌的全局性转录因子，为细菌转录调控网络中的关键蛋白，可调控细菌的许多基因。研究者已研究了很多菌株中的氮代谢调控机制，但植物乳杆菌尚未涉及，本课题将尝试研究植物乳杆菌中 Fnr 对氮代谢的调控，首先欲通过异源表达纯化这两个蛋白质。GlnR 蛋白是一种全局性转录调控因子，目前发现的既有 MerR 家族也有 OmpR 家族。本实验中，分析植物乳杆菌 WU14 中的 GlnR 蛋白其序列比对结果与三维结构模型显示其属于 MerR 家族。GlnR 蛋白是由螺旋-转角-螺旋结构随后是卷曲结构组合而成的。螺旋-转角-螺旋结构这种模型在 MerR 家族的转录因子中很常见。这种目标基因合成蛋白质的三维结构与具有晶体结构模板的氨基酸序列相似性可达 59.76％。在特异性识别区域的 C 端含有 43 个氨基酸完全不能与模板匹配，与 MerR 家族调控因子特性相符。图 5-11 中与模板相匹配的配体小分子，类似于 DNA 结构，所以构建的同时也证实了 GlnR 蛋白可以与 DNA 结合，验证了 GlnR 蛋白为可以与 DNA 结合从而调控转录的转录调节因子这一事实。

　　MerR 家族的调控蛋白可以与 DNA 结合从而控制下游目的基因的转录，Ying Wang 等在研究天蓝色链霉菌的 GlnR 与 PhoP 竞争性调控 amtB 实验中发现一种新型 GlnR 结合的基因模式 gTnAc-n6-GaAAc-n6-GtnAC-n6-GAAAc-n6（简写为 a1-b1 和 a2-b2），这两段结合域被 PhoP 保护结合域隔开，而且在研究中发现另外由 22bp 碱基组成的 GlnR 结合位点覆盖 PhoP 保护结合域。这三个结合位点都与 GlnR 调节 amtB 转录有关，GlnR 的结合域相对保守但是组成形式各有不同。地中海拟无枝菌酸菌 U32 的研究中 GlnR 与相应 DNA 的结合位点只有三处[1,2]。所以在解析 GlnR 蛋白三维结构的同时有利于对于下面对其与 DNA 结合位点结合方式的研究，在以下研究 glnR 调控与亚硝酸盐基因相关操纵子调控情况的科研实验中具有重要作用。

　　1977 年，当科学家们在一种细菌中生产了第一种人类蛋白质（生长抑素）[3]后，异种宿主中蛋白质的表达开始在整个生物技术产业的启动中起着至关重要的作用，其中大肠杆菌是最常用的外源蛋白高效表达的原核表达系统。

　　利用大肠杆菌 Transetta 异源表达系统（pGEX-6p-1）表达 Fnr 和 GlnR 蛋白，高拷贝表达载体 pGEX-6p-1 对缓解蛋白包涵体表达有一定作用，最后利用载体 N-GST 标签成功地纯化了蛋白质。

　　基因表达受到很多因素影响，在体内主要是受各种调节蛋白的调控，其激活或抑制基因的转录影响基因的表达，但这种调控一般可以在体外进行验证，EMSA 是一种在体外快速、灵敏地检测蛋白质-核酸相互作用的方法。

　　这里为验证两个全局性调控因子 Fnr 和 GlnR 对亚硝酸盐还原酶（Nir）是否具有调控作用，利用 EMSA 实验在体外验证了蛋白质与启动子之间的互作，结果证明 GlnR 蛋白可以和 Pnir 启动子结合，Fnr 蛋白既可以与 PglnR 又可以与 Pnir 启动子结合，表明 GlnR 调控蛋白对 Nir 具有调控作用，而 Fnr 调控蛋白既能直接调控 Nir，也可通过调控 GlnR 来间接调控 Nir。

　　通过 EMSA 实验验证了 Fnr 和 GlnR 蛋白均可以和 Pnir 启动子结合，对亚硝酸盐还原酶（Nir）有调控作用，而 Fnr 蛋白可感知氧浓度的改变，通过调整细胞呼吸适应氧浓度的变化以利于细胞生长；GlnR 又称为氮代谢调控蛋白，其对环境中亚硝酸盐浓度较为敏感。因此本实验尝试通过改变菌体的生长环境检测 fnr 和 nir 基因的表达情况。

　　实时荧光定量 PCR（qRT-PCR）是一种在 DNA 扩增反应中，以荧光化学物质测定每次聚合酶链式反应（PCR）循坏后产物总量的方法。这里通过 qRT-PCR 检测了有无氧条件、有无 NaNO$_2$ 胁迫的环境下，*fnr* 和 *nir* 基因的相对表达量，实验结果显示在培养的 6～12h 内 *fnr* 和 *nir* 基因在无氧条件下的表达量比在有氧条件下略高，并且在有氧培养时加入 NaNO$_2$ 会让两个基因的表达量上调。但是同时设置无氧和 NaNO$_2$ 胁迫两个条件时，并没有显示出这种现象，这可能是因为菌体的调控网络太复杂，还影响了其他的调控基因对结果产生影响，抑或是改变培养条件对基因的表达量影响太小，导致实验结果重复性不强。

参考文献

[1] Wray Jr L V，Ferson A E，Fisher S H. Expression of the *Bacillus subtilis* ureABC operon is controlled by multiple regulatory factors including CodY，GlnR，TnrA，and Spo0H [J]. Journal of Bacteriology，1997，179(17)：5494-5501.

[2] Brandenburg J L，Wray J L V，Beier L，et al. Roles of PucR，GlnR，and TnrA in Regulating Expression of the *Bacillus subtilis* ure P3 Promoter [J]，Journal of Bacteriology，2002，184(21)：6060-6064.

[3] Itakura K，Tadaaki H，Crea R，et al. Expression in *Escherichia coli* of a chemically synthesized gene for the hormone somatostatin. 1977 [J]. Biotechnology，1992，24：84-91.

第 6 章

植物乳杆菌 WU14 L-阿拉伯糖异构酶分子生物学、发酵工艺优化及热稳定性分子改良

D-塔格糖是一种在自然界中存在但较为稀有的天然六碳酮糖，是 D-半乳糖的同分异构体，也是 D-果糖在 C4 位置上的差向异构体，学术界把这种自然界天然存在的一类较为罕见的单糖称为稀少糖[1]。D-塔格糖分子量为 180.6，熔点为 132~135℃，同时它具有一定的耐热、耐酸、耐碱性，甜度为蔗糖的 92%，甜味特性与蔗糖相似，而产生的热量只是蔗糖的 1/3[2]。它是一种天然的低能量食品填充型甜味剂，具有抑制高血糖、改善肠道菌群、抗龋齿、促进血液健康、增强细胞对毒素的敏感性和显著抑制可卡因、呋喃妥因等对肝细胞的毒害作用等功能[3,4]。2001 年 4 月 11 日，美国 FDA 批准塔格糖可用于食品[1]，目前 D-塔格糖作为一种低热量的甜味剂在韩国、澳大利亚、新西兰和美国被广泛用于糖果、饮料、保健食品和营养产品中[5]。D-塔格糖作为甜味剂在减轻 2 型糖尿病相关症状和防治肥胖方面有一些特别的作用[6,7]。此外，由于以上这一原因，现今生产的益生元复合 D-塔格糖吸引了为数不少的商业投资者的关注。2001 年 6 月，FAO/WHO 食品添加剂专家委员会批准塔格糖作为食品添加剂，ADI 值为 0.80mg/(kg·d)[1]。

D-塔格糖作为一种稀少糖，通常利用化学或生物转化法来大量制取[8]。化学催化法主要是以半乳糖为原料，通过异构化和酸中和这两个步骤进行转化[9]。Beadle 等申请的关于 D-塔格糖生产的美国专利中得到的 D-塔格糖主要是以钙催化剂催化乳糖水解衍生的化学反应制取。而这一化学反应过程无疑存在一些缺点，例如复杂的纯化步骤、D-塔格糖产量低、反应过程产生副产物且难以分离以至于加大下游的纯化难度与经费，此外产生的化学废物影响周围环境。由此可见，关于低耗能又环保的生物转化法无论是在工艺、成本还是产量方面都具有一

定的竞争优势。

1984 年，有关于生物法转化 D-塔格糖的生产第一次被 Izumori 等描述。Izumori 等报道称几种微生物能够氧化半乳糖醇产生塔格糖。这些微生物包括节杆菌、结核分枝杆菌、肠杆菌，它们都具有半乳糖醇脱氢酶的活性[10-13]。通过这种方法能够从 20g/L 的 D-半乳糖醇中得到 18.4g/L 的 D-塔格糖，即转化效率达到 92%。但由于以半乳糖醇为原料的成本比较高，这一方法没有被付诸于大规模生产塔格糖。此后不久，Cheetham 等首次报道了以低成本的 D-半乳糖为原料，利用乳酸菌中的 L-阿拉伯糖异构酶（L-AI）将其转化为 D-塔格糖[14]。由于乳酸菌为益生菌，且 L-AI 转化 D-塔格糖具有一定潜力，所以该法在以后的研究中得到重点关注。

近些年来，D-塔格糖生物转化生产的研究主要集中在利用 L-AI 酶法和菌株发酵法转化 D-半乳糖生成 D-塔格糖，对 L-AI 的重点研究领域在于筛选产酶量高、适合规模化生产的菌株并构建起 L-AI 表达系统，研究合适的产酶发酵和转化工艺。目前，利用 L-AI 生产 D-塔格糖的菌株，包括大肠杆菌[6]、陆地热泉高温神袍菌[15]、嗜热脂肪地芽孢杆菌[16]、高温烷烃芽孢杆菌[17]、栖热菌[18]、嗜热杆菌[19]、海栖热袍菌[20]、嗜热脂肪芽孢杆菌 US100[21]、乳酸菌等。其中乳酸菌生长 pH 和乳糖水解液 pH 一致，节约成本、操作方便。

自从 L-阿拉伯糖异构酶被用于 D-塔格糖的生产研究以来，其研究内容非常广泛，几乎涵盖了整个酶工程研究内容。但是，目前关于 L-AI 的研究仍有一些不足之处。首先大部分菌株的 L-AI 酶活较低且生成的产物在转化后期会被进一步代谢，从而转化率低。其次是对 L-AI 进行基因改造缺乏较精确有力的晶体结构数据，仅依赖氨基酸序列差异比较进行推测并不利于改善酶的反应活性、热稳定性、最适反应 pH 及提高酶与底物的结合能力。最后，L-AI 食品级益生菌株的研究进展仍不显著，有碍于 D-塔格糖的大批量工业化生产。大肠杆菌作为宿主菌用于食品生产，伴随产生的类毒素是一个不容忽视的问题，因此 L-AI 食品级益生菌株的建立是该酶工业生产和应用研究的热点。

6.1 高产 D-塔格糖植物乳杆菌 WU14 的 L-AI 基因的分析、食品级诱导表达及其酶学性质的研究

植物乳杆菌 WU14 是一株高产 D-塔格糖的益生菌，这里对其 L-AI 进行酶活分析、基因分析和生物信息学分析，然后以植物乳杆菌 WU14 基因组为模板，设计特异性内外引物，通过重组 PCR 去除 L-AI 基因中与食品级表达载体 pRNA48 连接有关的酶切位点，然后将重组载体电转入乳酸乳球菌 NZ9000 感受态细胞中，获得了重组菌 L. lactis NZ9000/pRNA48-L-AI，并实现了 L-AI 基因

在乳酸乳球菌中的食品级诱导表达。

6.1.1　植物乳杆菌 WU14 生物转化 D-塔格糖分析

以塔格糖标品为对照，用纸色谱法分析植物乳杆菌 WU14 在薄层板上显色较深，产塔格糖能力很高，具有明显的生物转化 D-半乳糖为 D-塔格糖的能力。提取 L-阿拉伯糖异构酶粗酶，60℃下反应 1h 后，用改良的半胱氨酸咔唑法进行检测，540nm 处比色测 OD 值，绘制 D-塔格糖标准曲线，得到标准曲线回归方程为：$y = 0.0258x + 0.0084$（$R^2 = 0.9996$），算出该菌株的粗酶酶活。通过与其他 9 株产 D-塔格糖菌株的 L-AI 活性对比（图 6-1），发现植物乳杆菌 WU14 的 L-AI 酶活非常高，达到 13.95U/mL。

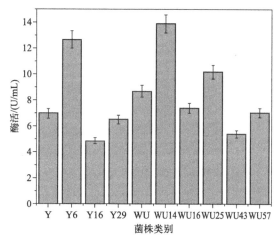

图 6-1　10 株高产 D-塔格糖植物乳杆菌菌株的酶活测定结果

6.1.2　L-AI 基因的扩增与 TA 克隆

以改良 CTAB 法提取得到的全基因组为模板，通过设计好的菌种特异性引物扩增植物乳杆菌 WU14 的 L-AI 基因，得到两条 1425bp 左右的特异性条带，其大小与 NCBI 数据库内已知的植物乳杆菌 ST-Ⅲ、植物乳杆菌 WCFS1、植物乳杆菌 JDM1 的 L-AI 基因几乎一致。将测序结果在 BLAST、Vector NTI 上做序列比对，其序列与上述植物乳杆菌的 L-AI 基因相似性达到 99.5%（图 6-2），这不仅充分证明该扩增得到的基因为 L-AI 基因，也进一步说明了 L-AI 基因在植物乳杆菌中的保守性。根据序列比对发现，WU14 菌株的 L-AI 基因碱基序列中的第 907 位碱基为 C，与 NCBI 数据库中现存的所有植物乳杆菌 L-AI 基因的碱基 T 不同，前者 CTT 密码子编码亮氨酸，而数据库中的 TTT 密码子编码苯丙氨酸。此外，植物乳杆菌 WU14 菌株的 L-AI 基因碱基序列的第 1108 位的碱基 T 也与 NCBI 数据库中所有植物乳杆菌 L-AI 基因的碱基在此位点的 A 不同，前者密码子为 GCC 编码丙氨酸，后者密码子为 ACC 编码苏氨酸。这些差异都将导致最后翻译出来的 L-AI 有所不同。关于这些不同碱基序列是否将引起酶的生化特性的改变还有待深入研究。将植物乳杆菌 WU14 的 L-AI 基因与 pGEM-T 载体连接，热激转入大肠杆菌 DH5α 感受态细胞中，通过蓝白斑抗性平板筛选白色菌落，然后进行菌落 PCR 并提取质粒进行 PCR，扩增基因片段在 1425bp 左右的阳性克隆可用于下一步表达分析。

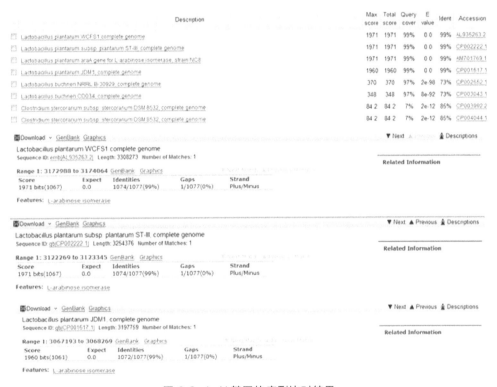

图 6-2　L-AI 基因的序列比对结果

6.1.3　高产 D-塔格糖乳酸菌 L-AI 基因的核苷酸序列分析

通过生物分析软件 Vector NTI 对植物乳杆菌 WU14 的 L-AI 基因序列进行分析（图 6-3），该基因存在 NcoⅠ、BstEⅡ、ApaLⅠ、AflⅢ、BglⅡ、HaeⅢ、NdeⅠ 等常用的限制性内切酶酶切位点，由此可作为下一步 L-AI 基因表达载体构建时的酶切位点选择及 L-AI 基因的定点突变以消除酶切位点做参考。此外，L-AI 基因的正链存在开放阅读框 1，此阅读框以 ATG 为起始密码子，以 TAA 为终止密码子，从第 1 个碱基开始至第 1422 个碱基为止，总共 474 个密码子，编码 474 个氨基酸，为 L-AI 蛋白质的一级结构。

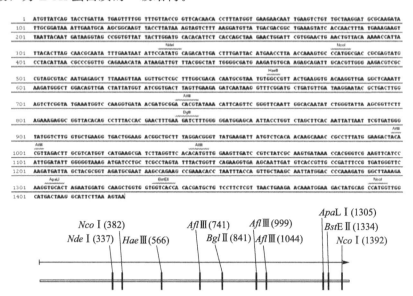

图 6-3　植物乳杆菌 WU14 核苷酸序列及其所含的限制性酶切位点

6.1.4　高产 D-塔格糖乳酸菌 L-AI 蛋白的二级结构预测分析

通过 NPS 网络蛋白质序列分析网站中的 SOPM 蛋白质二级结构预测方法分析植物乳杆菌 WU14 的 L-AI 基因编码蛋白质的二级结构，分析结果如表 6-1 和图 6-4 所示，在该氨基酸序列中，有 227 个氨基酸残基形成 α-螺旋，占总二级结构的 47.89%；延伸链由 82 个氨基酸残基组成，占总二级结构的 17.30%；无规则卷曲由 121 个氨基酸残基组成，占总二级结构的 25.53%；β-转角由 44 个氨基酸残基组成，占总二级结构的 9.28%。由此可推测：α-螺旋和无规则卷曲是形成植物乳杆菌 WU14 的 L-AI 二级结构最主要的元件，延伸链和 β-转角则散布于其整个蛋白质中。

表 6-1　植物乳杆菌 WU14 的 L-AI 蛋白二级结构构成类型

L-AI 二级结构组成类型	氨基酸残基数	百分比
α-螺旋	227	47.89%
延伸链	82	17.30%
无规则卷曲	121	25.53%
β-转角	44	9.28%

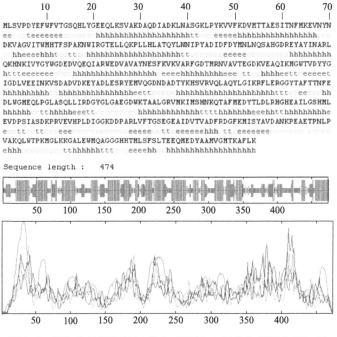

```
                 10        20        30        40        50        60        70
                 |         |         |         |         |         |         |
MLSVPDYEFWFVTGSQHLYGEEQLKSVAKDAQDIADKLNASGKLPYKVVFKDVMTTAESITNFMKEVNYN
ee tteeeeeeee      hhhhhhhhhhhhhhhhhhhhh  eeeeehhhhhhhhhhhhhhhhh
DKVAGVITUMHTFSPAKNWIRGTELLQKPLLHLATQYLNNIPYADIDFDYMNLNQSAHGDREYAYINARL
 hheeeehhht ttt    hhhhhhhhhhhhhhhhhhhhtt     eeeee      hhhhhhhhh
QKHNKIVYGYWGDEDVQEQIARWEDVAVAYNESFKVKVARFGDTMRNVAVTEGDKVEAQIKMGUTVDYYG
httteeeeeee     hhhhhhhhhhhhhhhhh eeeehhhhhhhhheee tt hhhheett eeeeet
IGDLVEEINKVSDADVDKEYADLESRYEMVQGDNDADTYKHSVRVQLAQYLGIKRFLERGGYYTAFTTNFE
hhhhhhhhh          hhhhhhhhhheett    hhhhhhhhhhhhhhhhhhhhhhhhhee
DLWGMEQLPGLASQLLIRDGYGLGAEGDWKTAALGRVMKIMSHNKQTAFMEDYTLDLRHGHEAILGSHML
hhhhhhh  tthhhhhheett      hhhhhhhhhhhtttthhhhhhheeehttthhhhhhhhe
EVDPSIASDKPRVEVHPLDIGGKDDPARLVFTGSEGEAIDVTVADFRDGFKMISYAVDANKPEAETPNLP
e tt hhhhhh        ee      tt eeeeeeehhh tt eeeeehh
VAKQLWTPKMGLKKGALEWMQAGGGHHTMLSFSLTEEQMEDYAAMVGMTKAFLK
ehhh         tthhhhhhttt   eeeehh hhhhhhhhhhhhhhhhhhhh

Sequence length :    474
```

图 6-4 植物乳杆菌 WU14 的 L-AI 蛋白二级结构预测分析结果

6.1.5 高产 D-塔格糖乳酸菌 L-AI 蛋白跨膜螺旋分析和信号肽分析

通过 TMHMM 在线分析软件对植物乳杆菌 WU14 的 L-AI 蛋白进行跨膜螺旋分析，如图 6-5 所示。如果预测跨膜螺旋中的氨基酸残基数大于 18，则说明很有可能存在跨膜序列或者信号肽，而 L-AI 的分析结果为 0.00323 个，说明 L-AI 不具有明显的跨膜结构或信号肽。此外，如果一个预测蛋白前 60 个氨基酸数有数个，则说明该蛋白质 N 端可能存在信号肽，而不是跨膜结构，而 L-AI 分析结果为 0，证明至少在其 N 端既不存在信号肽也不存在跨膜结构。综合以上结果，该软件预测植物乳杆菌 WU14 的 L-AI 蛋白不具有跨膜结构。

6.1.6 高产 D-塔格糖乳酸菌 L-AI 蛋白的三级结构预测分析

利用 SWISS-MODEL 蛋白质三级结构在线预测服务系统对植物乳杆菌 WU14 的 L-AI 蛋白的三级结构进行预测，结果如图 6-6 所示。从图中可知植物乳杆菌 WU14 的 L-AI 蛋白的三级结构主要由 α-螺旋和无规则卷曲构成，这与蛋白质二级结构组成元件分析相吻合。

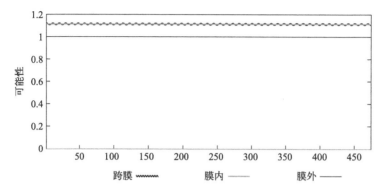

L-AI of *L. plantarum* WU14 Length: 474
L-AI of *L. plantarum* WU14 Number of predicted TMHs: 0
L-AI of *L. plantarum* WU14 Exp number of AAs in TMHs: 0.00323
L-AI of *L. plantarum* WU14 Exp number, first 60 AAs: 0
L-AI of *L. plantarum* WU14 Total prob of N-in: 0.00100
   L-AI of *L. plantarum* WU14   TMHMM2.0   outside   1   474

跨膜 ⌇⌇⌇⌇⌇   膜内 ——   膜外 ——

图 6-5　植物乳杆菌 WU14 的 L-AI 蛋白跨膜结构域分析

Workunit: P000003　L-arabinose isomerase　- Overview

1   474

图 6-6　植物乳杆菌 WU14 的 L-AI 蛋白的三级结构预测结果

6.1.7　高产 D-塔格糖植物乳杆菌 WU14 的 L-AI 酶学性质研究

　　温度对酶活性有着明显影响。温度降低，酶促反应相应减弱或是停止。而当温度上升时，酶促反应速率加快。当上升至某一点时，酶促反应速率达到最大值，此位点即为酶反应的最佳温度，但当超过这一位点，温度继续上升则会适得其反，酶活性逐渐降低至失活。从图 6-7 可知，植物乳杆菌 WU14 的 L-AI 最佳酶反应温度为 60℃，与此同时，在一定酶促反应时间内（此反应曲线测定时间为 1h），植物乳杆菌 WU14 的破碎粗酶液活性在这一最佳温度下明显高于菌体悬浮液。分析原因可能是粗酶较菌体而言，其活性中心与底物结合更快、更充分。

此外，该酶的耐热性较好，当温度上升到 65℃ 时，酶活性与最佳酶活性比较，折损不到 30％。而这一最适温度对于工业发酵过程较难控制的机械升温和散热困难有一定的益处。

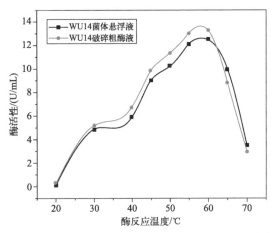

图 6-7　植物乳杆菌 WU14 的 L-AI 转化反应最佳温度曲线

pH 对酶活性的影响主要是通过改变酶的活性中心的解离状态或与之有关的辅酶、辅基的解离状态进行的。从图 6-8 可知，植物乳杆菌 WU14 的 L-AI 最佳 pH 为 7.17，此外该酶相对于其他菌株产的 L-AI 耐酸能力强，当 pH 为 6.24 和 5.60 时，其酶活性较最佳 pH 酶活性折损仅 11％ 和 34％。普通 L-AI 在 pH5.0 的情况下已不具有任何酶活性，而植物乳杆菌 WU14 的 L-AI 在 pH4.21 时，仍具有 28.43％ 的酶活力，这与其他菌种所产的 L-AI 有着明显差异。分析植物乳杆菌 WU14 的 L-AI 的耐酸能力可能有两点：从菌种类型来看，来自酸性口感较强的腌菜和泡菜中的植物乳杆菌 WU14 本来就有较强的耐酸和产酸能力。此外，

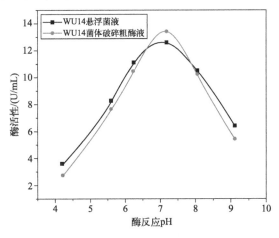

图 6-8　植物乳杆菌 WU14 的 L-AI 转化反应最佳 pH 曲线

从植物乳杆菌 WU14 的 L-AI 基因编码的氨基酸来看，有一定比例的酸性氨基酸存在。利用植物乳杆菌 WU14 的 L-AI 的这种耐酸能力可以通过调节 pH 来大大减少工业生产中一些不良的副反应及其他杂菌的污染。

从图 6-9 和图 6-10 中的酶转化率曲线可知，当底物浓度为 0.8mol/L 时，不论是菌体悬浮液还是破碎粗酶液，28h 后的转化率都达到最高，菌体悬浮液的转化率达到 56.12%。由此可以说明 L-AI 转化反应的最佳底物浓度为 0.8mol/L。此外，通过比较这两种转化率曲线，不难看出菌体悬浮液的转化率远远高于粗酶液的转化率，而粗酶液的转化率仅仅是在前 4h 内较菌体悬浮液略高些。由此可以说明破碎粗酶液的稳定性并不够好。另外，从两图中也可以看出菌体悬浮液的热稳定性及 pH 稳定性较破碎粗酶液好，这可能与细胞破碎及细胞内膜保护以及辅基、辅酶的影响有关。

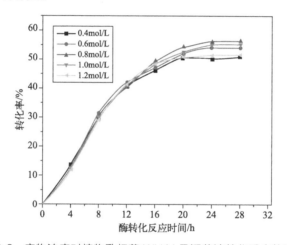

图 6-9　底物浓度对植物乳杆菌 WU14 悬浮菌液转化反应的影响

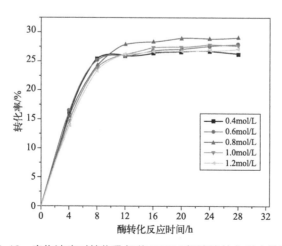

图 6-10　底物浓度对植物乳杆菌 WU14 粗酶液转化反应的影响

从图 6-11 可知，Mn^{2+}、Mg^{2+} 对 L-AI 转化反应有一定的促进作用，而且与酶反应原液相比 10mmol/L 的 Mn^{2+} 的加入促使酶活性达到最初酶活性的 3 倍。由此可以得出，这两种金属离子特别是 Mn^{2+} 可能为 L-AI 反应活性中心的辅基。由于菌体培养过程中 MRS 培养基中存在微量的 Mn^{2+}、Mg^{2+}，所以原菌液和原细胞破碎粗酶液必定含有微量的 Mn^{2+}、Mg^{2+}，通过原液与加入 EDTA 络合金属离子后的酶活性比较可知，仅是失去微弱 Mn^{2+}、Mg^{2+} 庇护的原液似乎对高温或是中性 pH 的耐受性不够好，酶活性显然低于平时所测定的酶活性。此外，不难看出 Cu^{2+}、Zn^{2+} 对 L-AI 有很强的抑制作用，其酶活性仅仅为原液的 2%～4%。

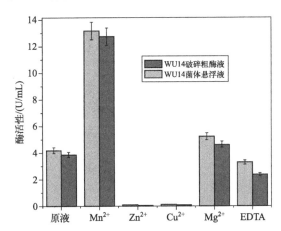

图 6-11　各种金属离子及 EDTA 对植物乳杆菌 WU14 的 L-AI 转化反应的影响

6.1.8　重组 PCR 技术去除植物乳杆菌 WU14 L-AI 基因中的 Nco I 酶切位点

以改良 CTAB 法提取得到的全基因组为模板，通过设计好的菌种特异性引物扩增植物乳杆菌 WU14 的 L-AI 基因，通过 Vector NTI 11 软件对该 L-AI 基因序列进行分析发现其内部含有 2 个 Nco I 酶切位点（图 6-12）。将该序列中第 381 个碱基由 C 改为 G，密码子由 GCC 变为 GCG，但前后密码子都编码丙氨酸。此外，将该序列中第 1392 个碱基的互补碱基由 G 改为 A，所以密码子由 ACC 变为 ACU，但氨基酸仍不变，都编码苏氨酸。所以重组后的 L-AI 基因所编码的蛋白质一级结构即氨基酸结构不变。以 L-AI 基因为模板，通过内外引物先分别扩增出 L-AI 基因 1—389bp 的碱基片段和 368—1425bp 的碱基片段（图 6-13），然后通过梯度 PCR 将两片段连接，重组为不含 Nco I 酶切位点的 L-AI 基因，其重组片段大小与原 L-AI 基因一致（图 6-14），经 Nco I 单酶切鉴定（图 6-15），原 L-AI 基因因含有 Nco I 酶切位点所以被切开，切开位置与理论一致，而重组 L-AI 基因不含有 Nco I 酶切位点所以片段大小不变。此外，将重组 L-AI 基因

PCR 产物切胶回收送检测序鉴定（图 6-16），结果除两个设计改变的碱基序列外，其余碱基序列基本不变，相似度达 99.3%。因此 L-AI 基因重组成功，与此同时不用担心碱基的过多改变而导致该基因突变失效。

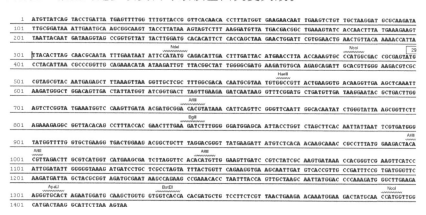

图 6-12　植物乳杆菌 WU14 L-AI 基因碱基序列

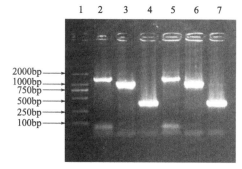

图 6-13　植物乳杆菌 WU14 L-AI 基因分段扩增

1—DL2000 DNA Marker；2,5—植物乳杆菌 WU14 L-AI 基因 PCR 产物；3,
6—L-AI 基因 368—1425bp 的 PCR 片段；4，7—L-AI 基因 1—389bp 的 PCR 片段

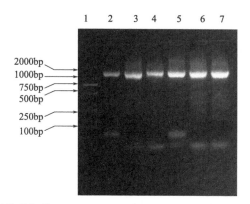

图 6-14　植物乳杆菌 WU14 原 L-AI 基因与重组 L-AI 基因片段大小比对

1—DL2000 DNA Marker；2,5—植物乳杆菌 WU14 原 L-AI 基因 PCR 产物；3,4,6,7—重组 L-AI 基因

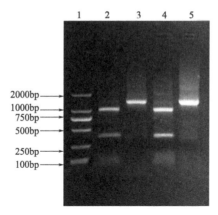

图 6-15　植物乳杆菌 WU14 原 L-AI 基因与重组 L-AI 基因 NcoⅠ酶切鉴定

1—DL2000 DNA Marker；2,4—植物乳杆菌 WU14 原 L-AI
基因 PCR 产物单酶切结果；3,5—重组 L-AI 基因单酶切结果

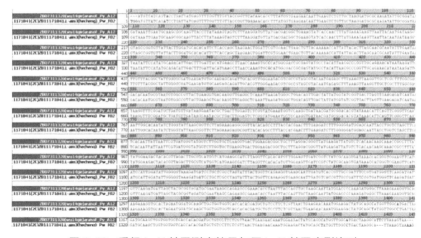

图 6-16　重组 L-AI 基因测序结果与原 L-AI 基因序列比对

6.1.9　重组质粒 pRNA48-L-AI 的构建及验证

　　将纯化后的连接产物电转化入乳酸乳球菌 NZ9000 感受态细胞中，在含蜜二糖和溴甲酚紫的 EL1 培养基中富集培养 3 天，直至变黄，然后涂布到含蜜二糖和溴甲酚紫的 Mel-EL1 平板上，30℃培养 36h，在平板上筛选阳性克隆子。在含蜜二糖和溴甲酚紫的 EL1 平板上含重组子的乳酸乳球菌 NZ9000 感受态细胞呈优势生长，菌落很大且为白色，周围有黄色晕圈，因为重组子含有 α-半乳糖苷酶基因可以利用蜜二糖代谢使溴甲酚紫由紫色变为黄色。挑取阳性克隆子富集培养后提取重组质粒，将重组质粒经 NcoⅠ和 HindⅢ双酶切，结果如图 6-17 所示，分

别得到 4500bp 左右和 1500bp 左右的条带 (2)，与理论结果一致。需知 pRNA48
质粒大小为 4557bp(4)，L-AI 基因大小为 1425bp，而重组质粒基因条带达到
15000bp(3)，理论应为 6000bp 左右，推测可能原因如下：首先乳酸乳球菌为阳
性菌，杂蛋白较多影响条带迁移速度，其次，可能是因为质粒的拓扑结构造成电
泳迁移率的改变。也就是说，同一种分子，由于空间结构的不同，迁移速度改
变。此外，当质粒处于复制中间体时也可能使质粒的大小加倍。

与此同时，将提取得到的重组质粒通过 L-aim3 和 L-aim4 两引物进行 PCR
扩增 L-AI 基因，结果如图 6-18 所示，片段大小与原 L-AI 基因一致，将 PCR 产
物送检测序，测序结果显示与原 L-AI 基因序列相似性达到 99.9％。由此可知，
食品级表达载体 pRNA48-L-AI 构建成功。

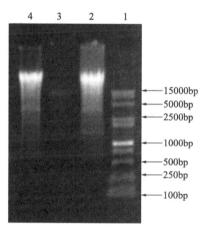

图 6-17　重组质粒的双酶切鉴定
1—D15000＋2000 DNA Marker；2—pRNA48-L-AI 重组质粒双酶切产物；
3—pRNA48-L-AI 重组质粒；4—pRNA48 质粒

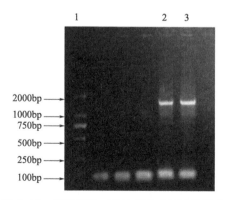

图 6-18　重组质粒 pRNA48-L-AI PCR 鉴定
1—DL2000 DNA Marker；2,3—重组质粒 PCR 产物

6.1.10 SDS-PAGE 筛选 nisin 诱导 L-AI 基因表达的最佳诱导剂量及诱导时间

分别提取含有不同 nisin 浓度诱导 12h 后的重组菌 *L. lactis* NZ9000/pRNA48-L-AI 的粗酶蛋白。由于 L-AI 基因翻译为蛋白质大约为 52.6kDa，由 SDS-PAGE 结果可知（图 6-19），L-AI 在乳酸乳球菌 NZ9000 宿主菌中能够进行表达，此外，与不添加 nisin 诱导剂的菌体总蛋白对比发现，诱导后的 L-阿拉伯糖异构酶表达显著。与此同时，结合图 6-20 不同 nisin 诱导浓度下的 *L. lactis* NZ9000/pRNA48-L-AI 重组菌和宿主菌的粗酶酶活性曲线可知：原始 *L. lactis* NZ9000 宿主菌不具有产 L-阿拉伯糖异构酶的能力，即乳酸乳球菌 NZ9000 本身不存在 L-AI 基因。与之对比，*L. lactis* NZ9000/pRNA48-L-AI 重组菌具有明显酶活性，即重组后的 pRNA48-L-AI 质粒成功地导入乳酸乳球菌 NZ9000，并能够大量表达。此外，当诱导剂量达到 30ng/mL 时，工程菌 L-AI 酶活性最高，蛋白质表达达到最大值。而当继续添加诱导剂量到 40ng/mL 时，酶活性稍有降低。由此可知，nisin 诱导 L-AI 基因表达的最佳诱导浓度为 30ng/mL。

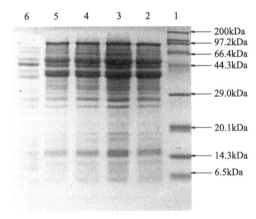

图 6-19　不同 nisin 诱导浓度下 L-AI 在 *L. lactis* NZ9000 中表达的 SDS-PAGE
1—蛋白质分子量标准（宽）；2—40ng/mL nisin 诱导浓度下总蛋白；
3—30ng/mL nisin 诱导浓度下总蛋白；4—20ng/mL nisin 诱导浓度下总蛋白；
5—10ng/mL nisin 诱导浓度下总蛋白；6—不添加 nisin 诱导的总蛋白

根据以上分析得到的最佳诱导剂量，对其分别进行诱导培养 0h、4h、8h、12h、16h 后提取不同诱导时间的菌体总蛋白，对其进行 SDS-PAGE 分析及通过改良半胱氨酸咔唑法测定其粗酶酶活性，由图 6-21 和图 6-22 可知 nisin 最佳诱导时间为 12h，此时 L-AI 表达量最大，相应酶活性达到最大值。

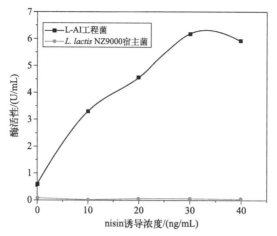

图 6-20　不同 nisin 诱导浓度下的 *L. lactis* NZ9000/pRNA48-L-AI
重组菌和 *L. lactis* NZ9000 宿主菌的粗酶酶活性曲线

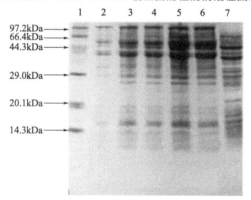

图 6-21　不同诱导时间下 L-AI 在 *L. lactis* NZ9000 中表达的 SDS-PAGE
1—蛋白质分子量标准（低）；2—诱导 0h 下的总蛋白；3—诱导 4h 下的总蛋白；4—诱导 8h 下的总蛋白；
5—诱导 12h 下的总蛋白；6—诱导 16h 下的总蛋白；7—不添加 nisin 诱导剂下 48h 后的菌体总蛋白

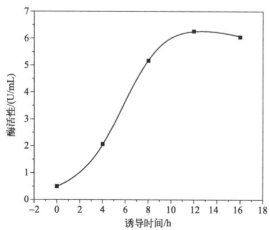

图 6-22　不同诱导时间下的 *L. lactis* NZ9000/pRNA48-L-AI 重组菌粗酶酶活性曲线

6.1.11 *L. lactis* NZ9000/pRNA48-L-AI 重组菌的遗传稳定性分析

由于食品级表达载体 pRNA48 在乳酸乳球菌 NZ9000 宿主细胞中进行 θ 复制而非一般载体的滚环复制，所以 pRNA48 在乳酸乳球菌 NZ9000 中的稳定性较好，不易随着菌株的增殖而丢失。为了证实 *L. lactis* NZ9000/pRNA48-L-AI 重组菌中 pRNA48-L-AI 重组质粒的稳定性，将工程菌株活化，接种量按 2％ 比例在 30℃下连续传代 10 次，并检测每一代菌株的菌体生长密度，由此得到如图 6-23 所示的菌株生长曲线，从这 10 条生长曲线可知，重组菌生长状态良好，传代稳定。此外对每一代菌株添加 30ng/mL 的 nisin 诱导表达 12h 后提取其粗酶，通过半胱氨酸咔唑法检测其酶活活性，由图 6-24 可知，传代 10 次并不影响 L-AI 基

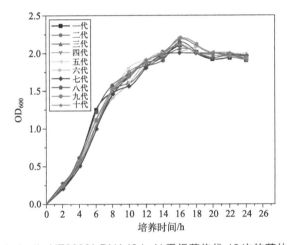

图 6-23　*L. lactis* NZ9000/pRNA48-L-AI 重组菌传代 10 次的菌体生长曲线

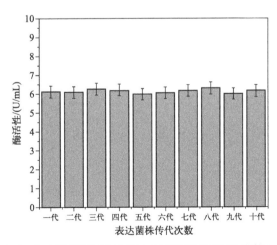

图 6-24　*L. lactis* NZ9000/pRNA48-L-AI 重组菌传代 10 次的 L-AI 酶活性

因的表达，L-AI 酶活性依然稳定，诱导 12h 酶活性能够达到 6U/mL 左右。同时提取每一代的菌株质粒进行 PCR 扩增，如图 6-25 所示，与原 L-AI 基因大小一致，将扩增结果送上海生工测序，然后将检测结果与原 L-AI 基因进行比对，结果完全一致。由此可以证明 *L. lactis* NZ9000/pRNA48-L-AI 重组菌的遗传稳定性良好。

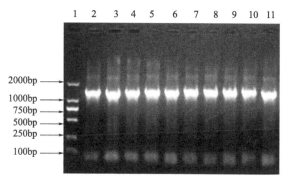

图 6-25　PCR 鉴定 *L. lactis* NZ9000/pRNA48-L-AI 重组菌外源基因 L-AI 的稳定性
1—DL2000 DNA Marker；2～11—L-AI 的 PCR 产物

6.1.12　*L. lactis* NZ9000/pRNA48-L-AI 重组菌的 L-AI 酶学性质研究

影响酶活性的因素众多，包括温度、pH、底物浓度、金属离子等。温度可通过改变酶的二级、三级、四级结构来改变酶的活性，过高和过低的 pH 会使酶失活变性，pH 可通过改变酶的活性中心重要基团的解离状态及底物的解离状态等影响酶的活性，底物浓度的高低直接影响底物与酶分子的结合从而影响转化效率，而金属离子以辅基的形式与酶反应活性中心结合，以此辅助或抑制酶反应活性。

由图 6-26 可知，*L. lactis* NZ9000/pRNA48-L-AI 重组菌 L-AI 转化反应最佳温度为 50℃。此图显示，当反应温度低于 20℃时，L-阿拉伯糖异构酶转化反应难以进行。然而当温度在 20～50℃范围内时，随着温度的升高，反应速率加快，酶活性在 50℃达到最大。但是当温度超过 50℃后，反应速率随着温度的升高而降低，升至 70℃时，酶活性几乎完全丧失。此外，悬浮菌液的酶反应速率在 20～50℃时较菌体破碎粗酶液慢，即酶活性增长趋势相对之较弱。分析原因可能是因为悬浮菌液为完整菌体，与底物接触的空间面积较裸露的粗酶液小，此外来回运输底物和转化产物的时间也较粗酶液长，因此反应速率较慢。而在 50～70℃时悬浮菌液的酶反应速率相对于粗酶液较快，即酶活性减弱趋势比后者弱。分析原因与前者不谋而合，正因为悬浮菌液存在细胞壁、细胞膜这一天然屏障，与完全裸露的粗酶液相比在较短的时间内不易使胞内酶立即失活。

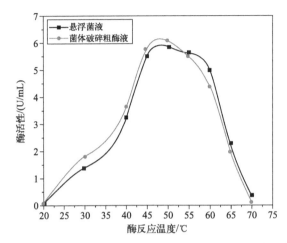

图 6-26　L. lactis NZ9000/pRNA48-L-AI 重组菌 L-AI 转化反应最佳温度曲线

由图 6-27 可知，当 pH 在 7.17 左右时，酶促反应酶活性达到最大。因此，pH7.17 为酶转化反应最适 pH。此外，当酶反应的 pH 在 6～9 间波动时，酶活性相对来说维持较好，且酶在弱酸性环境下的酶活性较在弱碱性时高。

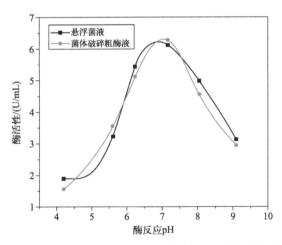

图 6-27　L. lactis NZ9000/pRNA48-L-AI 重组菌 L-AI 转化反应最佳 pH 曲线

以最适温度 50℃和最适 pH7.17 为前提条件，通过悬浮菌液和粗酶液在不同的底物浓度下反应来选择最适底物浓度。由图 6-28 的粗酶液转化率和图 6-29 的菌体悬浮液转化率可知，当底物浓度低于 0.6mol/L 时，随着浓度加大转化率升高。在当底物浓度高于 0.6mol/L 时，随着浓度加大转化率降低。在底物浓度为 0.6mol/L 时，转化率达到最大值。因此，L. lactis NZ9000/pRNA48-L-AI 重组菌转化反应的最适底物浓度为 0.6mol/L。此外，从反应时间与转化率的关系曲线中不难看出，当转化反应进行到 4h 时，粗酶转化率远远超出悬浮菌液的转化率。而当转化反应进行到 8h 时，粗酶转化率与悬浮菌液转化率相差无几。当反应超过 8h 后，悬浮菌液转化率远远超出粗酶液转化率，与此同时，粗酶液的转化率在 16h 达到 14.54％后就几乎不再增加，而悬浮菌液则一直保持上升趋势，且在 28h 内达到 38.31％左右。分析可能原因是粗酶的酶活性中心暴露于外，与底物接触较快且接触面积较菌体细胞大，所以刚进行反应的一段时间内，转化率上升得较菌体快。然而，粗酶液同样存在一个耐热性较菌体差的因素，且暴露于外界不能及时接收到其他辅酶和辅基等小分子生化物的支持等。所以会造成后续转化能力停滞不前甚至降低的结果。

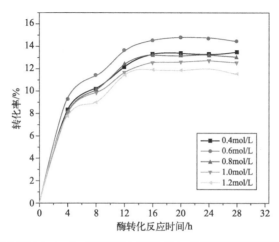

图 6-28　底物浓度对 *L. lactis* NZ9000/pRNA48-L-AI 重组菌粗酶液转化反应的影响

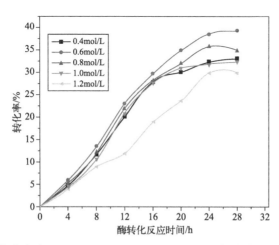

图 6-29　底物浓度对 *L. lactis* NZ9000/pRNA48-L-AI 重组菌菌液转化反应的影响

在 50℃、pH7.17、D-半乳糖浓度为 0.6mol/L 时，测定各种金属离子和 EDTA 对 *L.lactis* NZ9000/pRNA48-L-AI 菌体破碎粗酶液及菌体悬浮液酶反应活性的影响。如图 6-30 所示，与反应原液相比，Mn^{2+}、Mg^{2+} 对酶转化反应具有一定的促进作用，尤其是 Mn^{2+} 作用更甚。然而 EDTA、Cu^{2+}、Zn^{2+} 对 L-AI 的活性有较强的抑制作用，特别是 Cu^{2+}、Zn^{2+}，作用于酶活性中心后，几乎使酶活性完全丧失。

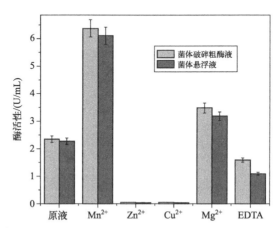

图 6-30　各种金属离子及 EDTA 对 *L.lactis* NZ9000/pRNA48-L-AI 重组菌酶转化反应的影响

6.2　植物乳杆菌 WU14 高产 D-塔格糖的发酵工艺优化和分离提纯研究

高产 D-塔格糖的植物乳杆菌 WU14 的 L-AI 酶活性高达 13.75U/mL[22]，利用单因素与响应面实验，对植物乳杆菌 WU14 产 L-AI 的发酵工艺进行优化，菌体量达到 2.52，酶活性达到 42.23U/mL，D-塔格糖的转化率达到 69.6%，比优化前提高了 11.7%[23]。在此基础上，通过发酵动力学研究发酵过程中各指标的变化，建立发酵动力学模型，反映植物乳杆菌 WU14 发酵过程中 D-塔格糖生物转化的变化规律。通过离心、活性炭脱色、脱蛋白、钙树脂分离方法等将 D-塔格糖从发酵液中成功分离出来，并利用红外光谱鉴定。在 L-AI 转化体系中加入硼酸盐缓冲液，通过硼酸盐与 D-塔格糖的络合能力进一步提高 D-塔格糖的转化率，为今后生物转化 D-塔格糖工业化生产奠定基础。

6.2.1　L-AI 发酵动力学模型研究

（1）发酵过程中各个参数的变化分析
① 发酵过程中菌体细胞生物量的变化　发酵过程中菌体细胞生物量的变化

如图 6-31(a) 所示，从图中植物乳杆菌 WU14 的生长曲线可以看出植物乳杆菌 WU14 在发酵培养基中呈"S"形生长，菌体细胞有明显的生长对数期与生长稳定期，适应期不明显。植物乳杆菌 WU14 在接种后，适应期较短，发酵 2h 时生物量就达到 0.346，很快进入生长对数期，随着发酵时间的增加，菌体生物量不断增加，在发酵 12h 时，OD_{600} 达到 2.52 后进入生长稳定期，稳定期期间菌体生物量基本保持不变。

②　发酵过程中发酵液中 pH 的变化　从图 6-31(a) 的 pH 变化曲线可以看出：pH 值呈逐渐下降的趋势，发酵初始 pH 值为 6.24，发酵 0~12h 时，pH 值下降至 4.81，此时，植物乳杆菌 WU14 处于生长对数期，大量繁殖产生乳酸，使 pH 值下降较快；12h 后植物乳杆菌 WU14 进入稳定期，菌体量基本保持稳定，为维持细胞生命活动，菌体少量利用葡萄糖，pH 值下降较为缓慢。此外，发酵液内 pH 值虽然在不断下降，但其最终值均大于 4.5，这是由于在植物乳杆菌 WU14 发酵过程中，培养基中添加的 L-阿拉伯糖诱导植物乳杆菌 WU14 产生 L-AI，在此发酵培养基中植物乳杆菌 WU14 并不是以酸降解机制为主。

③　发酵过程中发酵液中还原糖的变化　培养基中碳源的作用是提供细胞的碳骨架，为细胞的生命活动提供能量，为产物的合成提供碳骨架。从图 6-31(a) 的还原糖含量变化曲线可以看出：还原糖浓度呈现逐渐下降的趋势。在发酵初期，菌体细胞利用培养基中的还原糖大量繁殖，来满足菌体生长需要，因此还原糖浓度下降很快；当菌体生长达到稳定期后，还原糖仅为其生命活动提供能量，含量下降幅度较小，基本趋于稳定。

④　发酵过程中 L-AI 活力的变化　从图 6-31(b) 的 L-AI 活力变化曲线可以看出：L-AI 酶活力是呈现先增加后下降的趋势。结合植物乳杆菌 WU14 的生长曲线可以看出，发酵初期，随着发酵时间的延长 (0~12h)，菌体量和酶活性均增加，二者呈相关关系。发酵 12h 后，菌体细胞达到稳定期，菌体量不再增加而趋于稳定，而酶活性继续增加，这是因为 L-AI 基因表达受阿拉伯糖操纵子的调控影响[24]。阿拉伯糖操纵子中 *araA*、*araB* 和 *araD* 基因分别编码阿拉伯糖异构酶、核酮糖激酶与核酮-5-磷酸差向异构酶三种阿拉伯糖代谢所需的酶，三个基因的表达受到阿拉伯糖操纵子中 *araC* 的调控。发酵初期，培养基中葡萄糖的浓度较高，导致 cAMP 处于低浓度，*araC* 阻遏 *araA*、*araB* 和 *araD* 的转录，CAP-cAMP 复合物不能与操纵子中的 CAP 结合部位结合，使 *araA* 不能正常表达，使 L-AI 酶活性处于相对较低的水平；发酵至 12h 后，此时由于对数期菌体的快速生长消耗大量的葡萄糖，使葡萄糖的浓度处于一个相对较低的水平，CAP-cAMP 复合物能与操纵子中的 CAP 结合部位结合，使 *araA* 正常表达，L-AI 酶活性继续增加，并在发酵 20h 时达到酶活力最大值 42.23U/mL，此时 D-塔格糖的产量为 2.5338mg/(mL·h)。发酵 20h 后，此时培养基中阿拉伯糖已

经处于一个较低的水平，*araC* 又变为阻遏 *araA*、*araB* 和 *araD* 的转录阻遏物，使 *araA* 不能正常表达，L-AI 不能正常合成，L-AI 酶活性有下降趋势。同时也可看出 L-AI 的产生与菌体细胞的生长是非生长偶联型。

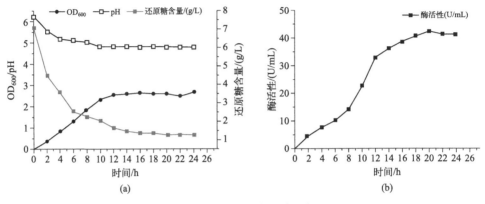

图 6-31　发酵过程中参数的变化

(2) 发酵动力学模型的建立分析

① 菌体细胞生长模型建立及拟合效果　从植物乳杆菌 WU14 的生长曲线可以看出菌体生长呈 S 形，因此利用 Logistic 模型与 Boltzmann 模型[25] 对其生长曲线进行动力学拟合。将实验中所测得的数据输入 Origin 9.1 软件进行非线性拟合，利用 Logistic 模型计算得到动力学参数 μ_m、X_{max} 的值分别为 0.28687、37.77377，拟合值 $R^2 = 0.9763$；利用 Boltzmann 模型计算得到动力学参数 $A_1 = -0.19407$，$A_2 = 2.62428$，$x_0 = 5.52242$，$d_x = 2.29839$，拟合值 $R^2 = 0.99637$。从拟合度来看，植物乳杆菌 WU14 利用 Logistic 模型进行拟合较 Boltzmann 模型差，这是因为植物乳杆菌 WU14 在发酵培养基中没有明显的适应期，接种后很快进入生长对数期的缘故，因此生长曲线不属于十分典型的 S 形，这也是导致实验值与拟合值的相关系数 R^2 不高的原因。所以选择 Boltzmann 模型描述植物乳杆菌 WU14 在发酵培养基中的生长情况，拟合得到菌体细胞最大生物量为 2.62428。

Boltzmann 方程为：

$$y = (A_1 - A_2)/(1 + e^{(x-x_0)/d_x}) + A_2$$

式中，A_1 表示初始菌体量；A_2 表示最终菌体量；x_0 与 d_x 分别表示方程系数。

将得到的数据代入方程中得到植物乳杆菌 WU14 的生长动力学模型为：$y = 2.62428 - [2.81835/(1 + e^{(x-5.52242)/2.29839})]$。拟合效果如图 6-32 所示，从拟合曲线可以看出，植物乳杆菌 WU14 生长拟合值与实验值基本吻合，所选模型较好地反映了植物乳杆菌 WU14 分批发酵过程中菌体的生长情况。

② L-AI 生成动力学模型建立及拟合效果　通过上述对植物乳杆菌 WU14 菌体细胞生物量和 L-AI 活力变化分析可知，L-AI 的形成与植物乳杆菌 WU14 的生

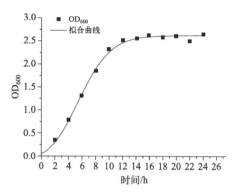

图 6-32　植物乳杆菌 WU14 生长动力学模型拟合

长属于部分偶联型。采用 Leudeking-Piret 方程[26] 对其进行动力学拟合，得到动力学参数 μ_m、X_{max}、α、β 的值分别为 0.28687、37.77377、5.92606、1.23832，拟合度 $R^2=0.94441$；采用 Boltzmann 模型对其进行动力学拟合，得到动力学参数 A_1、A_2、x_0、d_x 的值分别为 1.66015、41.94723、9.53752、2.46001，拟合度 $R^2=0.99116$。结合二者拟合度可知 L-AI 的形成与 Boltzmann 模型拟合度较好，得到 L-AI 酶活力最大值为 41.94723，因此，选择 Boltzmann 模型对 L-AI 进行拟合。将各参数代入方程中得到 L-AI 酶活动力学方程为：$y=41.94732+[(-40.28708)/(1+e^{(x-9.53752)/2.46001})]$。拟合效果如图 6-33 所示，该动力学模型能较好地拟合 L-AI 活力的变化过程，从而体现出 D-塔格糖的生物转化规律。在发酵 20h 后 L-AI 活力有所下降，若选择在此时向发酵液中添加少量的 L-阿拉伯糖，可能会继续提高 L-AI 活力，进而提高 D-塔格糖的产量，有待进一步研究。

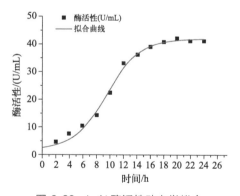

图 6-33　L-AI 酶活性动力学拟合

③ 基质消耗动力学模型建立及拟合效果　发酵过程中基质的消耗通常有 3 个方面[27]：a. 菌体细胞的生长消耗；b. 细胞维持生命活动的消耗；c. 生成产物的消耗。采用 Boltzmann 模型对其进行动力学拟合，得到动力学参数 A_1、A_2、

x_0、d_x 的值分别为 11297.04、1.30758、-31.55851、4.15091，拟合度 $R^2=$ 0.99171；采用 Logistic 模型，得到动力学参数 A_1、A_2、x_0、p 的值分别为 7.04942、0.6189、3.06749、1.14141，拟合度 $R^2=0.99443$。因此，底物的消耗与 Logistic 模型拟合度较好，能够更好地反映出发酵过程中还原糖含量的变化，拟合模型初始还原糖含量为 7.04942g/L，发酵 24h 后剩余还原糖为 0.6189g/L。Logistic 模型方程为：

$$y=(A_1-A_2)/[1+(x/x_0)^p]+A_2$$

式中，A_1 表示初始糖含量；A_2 表示最终糖含量；x_0 与 p 分别表示方程系数。

将各参数代入方程中得到基质消耗动力学方程为：

$y=0.6189+(6.43052)/[1+(x/3.06749)^{1.14141}]$，拟合效果如图 6-34 所示。

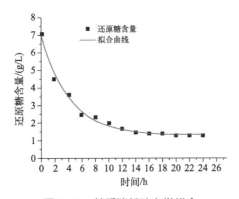

图 6-34　基质消耗动力学拟合

6.2.2　D-塔格糖分离纯化的研究

(1) 发酵液的预处理　将制备得到的发酵液于冷冻离心机中离心 30min（4℃、9000r/min）除去菌体及部分杂质，得到含有 D-塔格糖及 D-半乳糖的混合液，4℃保存备用。

(2) 发酵液脱色工艺

① 活性炭的预处理[28]　取适量粉末状的活性炭于 0.4mol/L HCl 溶液中在室温下浸泡 24h，用清水洗至 pH 为中性，过滤后于 50℃烘干箱中烘干备用。

② 活性炭的添加量对发酵液脱色效果的影响研究　向发酵液中添加不同量的活性炭，静置 30min 后，结果如图 6-35(a) 所示，随着活性炭添加量的增加，发酵液脱色率是逐渐升高的，但 D-塔格糖的回收率随着添加量的增加而逐渐下降。当活性炭的添加量为 1.50% 时，脱色率为 67.21% 左右，D-塔格糖的回收率为 75.7%；添加量达到 2% 时，脱色率达到 81.58% 左右，D-塔格糖回收率降至

56.5%，D-塔格糖回收率的下降幅度明显低于脱色率的上升幅度，因此，选择 1.50% 为活性炭最佳添加量。

③ 脱色时间对发酵液脱色效果的影响研究　活性炭脱色时间的长短，对发酵液脱色率及糖回收率有很大的影响，脱色时间越长，脱色越彻底，效果越好，但糖的流失越大。如图 6-35（b）所示，随着脱色时间的增加，脱色效果越好。脱色时间为 30min 时，发酵液脱色率为 66.53%，D-塔格糖的回收率为 67.69%，脱色时间延长至 40min 时，脱色率达到 66.87%，增加 0.34%，D-塔格糖的回收率为 59.31%，下降幅度为 8.38%，因此，选择 30min 为最适脱色时间。

④ 脱色温度对发酵液脱色效果的影响研究　从图 6-35（c）显示的脱色温度对发酵液脱色率及糖回收率的影响结果可知，随着脱色温度的升高，发酵液的脱色效果变化幅度不大，脱色温度为 37℃ 时，脱色率最大为 86.69%，随后逐渐降低，当温度为 60℃ 时，脱色率降至 83.85%；D-塔格糖的回收则随着温度的升高大幅度下降，脱色温度为 37℃ 时，D-塔格糖的回收率为 84.53%，温度为 60℃ 时，D-塔格糖的回收率为 61.98%，下降 22.55%。因此，选择 28℃ 为最佳脱色温度。

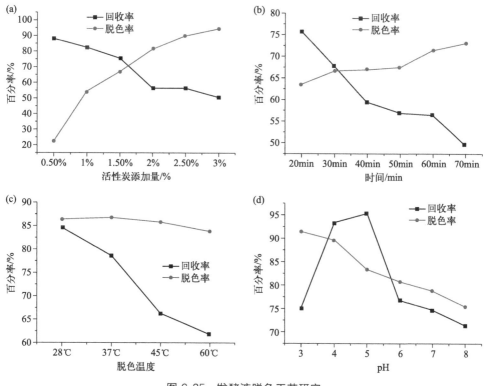

图 6-35　发酵液脱色工艺研究

⑤ 发酵液 pH 对脱色效果的影响研究　从图 6-35(d) 显示的发酵液 pH 对脱色率及糖回收率的影响结果可知，随着发酵液 pH 的升高，发酵液的脱色效果逐渐减弱，发酵液 pH 为 3 时，脱色率最大为 91.38%，随后逐渐降低，当 pH 为 8 时，脱色率降至 75.46%；D-塔格糖的回收率则随着发酵液 pH 的升高先增大后降低，发酵液 pH 为 4 时，D-塔格糖的回收率为 93.37%，脱色率为 89.64%，pH 为 5 时，D-塔格糖的回收率最高为 95.33%，脱色率为 83.47%，D-塔格糖的回收率提高 1.96%，脱色率下降 6.17%。因此，选择 pH4 为脱色时最佳发酵液 pH 值。

（3）发酵液脱蛋白工艺

① 低温乙醇法去蛋白　从图 6-36(a) 显示的低温乙醇对蛋白脱除率及糖回收率的影响结果可以看出：蛋白脱除率随着发酵液中低温乙醇用量的增加而增加，D-塔格糖的回收率随着低温乙醇用量的增加逐渐降低；当乙醇的添加量为发酵液的 40% 时，蛋白脱除率为 54.01%，糖回收率为 65.68%，乙醇添加量增加至 60% 时，蛋白脱除率变化幅度不大，糖回收率大幅下降 21.55%，综合来看，选择 40%（体积分数）的低温乙醇为最适添加量。

② 三氯乙酸法（TCA 法）去蛋白　从图 6-36(b) 显示的 TCA 对蛋白脱除率及糖回收率的影响结果可以看出：蛋白脱除率随着发酵液中 TCA 用量的增加而增加，D-塔格糖的回收率逐渐降低；当 TCA 的添加量为发酵液的 20% 时，蛋白脱除率为 66.47%，糖回收率为 85.82%，TCA 添加量增加至 40% 时，蛋白脱除率为 77.7%，上升 11.23%，糖回收率下降 23.44%，综合来看，选择 20%（体积分数）的 TCA 为最适添加量。

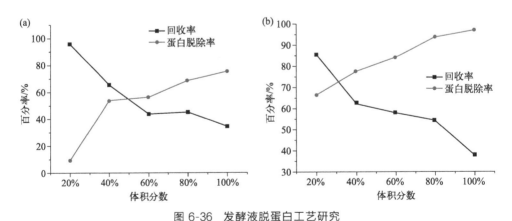

图 6-36　发酵液脱蛋白工艺研究

低温乙醇法与 TCA 法脱蛋白比较见表 6-2。

从表 6-2 可以看出，TCA 法在蛋白脱除与 D-塔格糖回收方面均要优于低温乙醇法，低温乙醇法只能除去 54% 的蛋白，并且流失 34.32% 的 D-塔格糖，

TCA 法则可回收 85.82％的 D-塔格糖，因此，选择 TCA 法为最适脱蛋白方法。

表 6-2　低温乙醇法与 TCA 法脱蛋白比较

方法	蛋白去除率	塔格糖回收率
低温乙醇法	54.01％	65.68％
TCA 法	66.47％	85.82％

③ 阴阳离子交换树脂脱盐　在两根 25mm×300mm 的玻璃柱中装填好已处理过的阴离子交换树脂 717 与阳离子交换树脂 732[29,30]，柱体积分别为 50mL，用去离子水平衡，将 20mL 浓缩后的糖液按先阳后阴的方式分别进行色谱分离，用去离子水进行洗脱，洗脱速率均为 1mL/min，收集结果如图 6-37 所示。如图 6-37(a) 所示为浓缩糖液经阳离子交换树脂色谱分离得到的洗脱液，从第 16mL 开始收集，每 5mL 收集为 1 管，共收集 27 管，第 5、6 管收集到的糖液浓度最高，随后浓度逐渐降低，到第 20 管时，糖液浓度基本为 0。收集 1～20 管的洗脱液进行阴离子交换树脂色谱分离，从第 10mL 开始收集，每 5mL 收集为 1 管，共收集 28 管，收集结果如图 6-37(b) 所示，其中第 4 管的洗脱液浓度最高，随后洗脱液浓度逐渐降低，收集至 28 管时，糖液浓度为 0.7mg/mL。浓缩糖液在阴阳离子交换树脂色谱分离脱盐过程中，部分 D-塔格糖流失，最终 D-塔格糖的回收率为 84.22％。

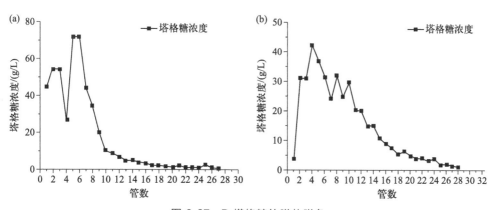

图 6-37　D-塔格糖的脱盐脱色

④ 钙树脂分离纯化　据报道，随着柱温的增加，D-半乳糖与 D-塔格糖的分离效果逐渐增加，并在 70℃时，分离效果最好[29]。因此，将树脂预处理变为 Ca2+ 树脂[31] 后，色谱柱与恒温水浴锅连接，通过循环水保持柱温 70℃，柱体积 80mL，进样体积 1mL，以去离子水洗脱，洗脱速率为 1mL/min，每 3mL 收集一管，收集结果如图 6-38 所示，收集至第 13 管时有糖液流出，此时流出的糖液为 D-半乳糖，从第 19 管开始有 D-塔格糖流出，第 19 管至第 25 管为 D-半乳糖和

D-塔格糖的混合液，第 25 管至第 50 管只有 D-塔格糖，并在第 30 管时，D-塔格糖的洗脱浓度最高，D-塔格糖回收率达到 80.8%。

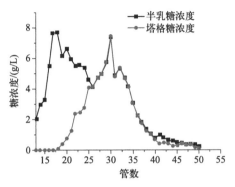

图 6-38 钙树脂分离纯化

⑤ 红外光谱鉴定　经钙树脂分离出的 D-塔格糖糖液进行浓缩、冷冻干燥得到样品，将 D-塔格糖样品与标准品进行红外光谱鉴定，结果如图 6-39 所示，首先是 D-塔格糖样品与标准品的红外图谱一致，其次是各个吸收峰一致，因此，认为纯化出的样品为 D-塔格糖。

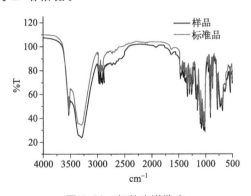

图 6-39　红外光谱鉴定

6.2.3　硼酸盐催化 L-AI 产 D-塔格糖的研究

（1）硼酸盐催化 L-AI 产 D-塔格糖的最佳 pH　不同的酸碱硼酸缓冲液与单糖的络合程度不同，将硼酸与四硼酸钠按一定比例配制成不同 pH 的缓冲盐，探讨不同 pH 硼酸盐对催化 L-AI 产 D-塔格糖的影响。结果如图 6-40（a）所示：硼酸盐缓冲体系与磷酸盐缓冲液对 L-AI 产 D-塔格糖的转化趋势是一致的，酸性条件下对 D-塔格糖的转化高于碱性条件下，当缓冲液 pH 为 7.17 时，D-塔格糖的转化率最高。当磷酸盐缓冲液 pH 增至 7.6 时，D-塔格糖的转化率急剧下降

14.88%，这可能是因为普通缓冲液碱性条件下对酶蛋白的催化起到抑制作用，随着缓冲液的碱性增强，D-塔格糖的转化率越来越低。李晓卉等[31] 研究硼酸盐对 D-塔格糖转化最适 pH 为 9.0，认为反应体系中碱性越强，硼酸盐对 D-塔格糖的络合能力越强，促使反应体系向生成 D-塔格糖的方向进行；Lim 等[32] 研究硼酸盐对 D-塔格糖转化最佳 pH 为 8.5。硼酸盐对植物乳杆菌 WU14 L-AI 转化 D-塔格糖的最适 pH 为 7.17，当硼酸盐的 pH 增至 7.6 时，D-塔格糖转化率下降 2% 并非持续增加，这可能是因为本次实验是将菌体沉淀重悬制备为粗酶液，利用全细胞进行转化，并非超声破碎后的酶蛋白，植物乳杆菌 WU14 是从酸菜中分离而来的乳酸菌，较其他产 L-AI 的菌株偏酸性。

（2）硼酸盐催化 L-AI 产 D-塔格糖的最佳温度　低温会抑制酶的活力，降低底物的转化。适当提高温度，会加速酶促反应，提高酶的转化能力。但当超过最适转化温度，会使部分酶蛋白失活，转化能力逐渐下降。温度不仅对酶活力有很大的影响，还影响络合剂对转化产物的络合能力。因此，在确定硼酸盐 pH 对 L-AI 催化 D-塔格糖影响基础上，对硼酸盐催化 L-AI 产 D-塔格糖的最佳温度进行研究，结果如图 6-40(b) 所示：温度为 60℃ 时，硼酸盐对 D-塔格糖的络合能力最高，当温度低于 50℃ 时，硼酸盐对 L-AI 催化 D-塔格糖转化的影响与磷酸盐缓冲液相近，这可能是因为温度抑制了 L-AI 的活力，转化的 D-塔格糖含量较少，未发挥硼酸盐络合 D-塔格糖的能力。

（3）硼酸盐催化 L-AI 产 D-塔格糖的最佳添加酶量　按不同酶量与半乳糖体积比向反应体系中加入粗酶液，研究酶量对硼酸盐催化 L-AI 产 D-塔格糖的影响，结果如图 6-40(c) 所示，当粗酶液添加量与 D-半乳糖体积比为 5∶1 时，D-塔格糖的转化率是最高的，随着酶量与 D-半乳糖体积比的增大，D-塔格糖的转化率逐渐增高，这可能是因为，反应体系中 D-半乳糖的量不变，粗酶液的添加量少，仅有少量的酶蛋白与底物结合，随着粗酶液的增加，L-AI 与 D-半乳糖的结合越来越多，D-塔格糖转化逐渐升高。粗酶液添加量与 D-半乳糖体积比为 1∶2～3∶2 时，磷酸盐缓冲液体系 D-塔格糖的转化率高于硼酸盐体系，这可能是因为加入的酶液较少，转化效率较低，硼酸盐未起到络合作用，并且，D-半乳糖与硼酸盐之间也存在一定的微弱络合作用。

（4）硼酸盐添加量对催化 L-AI 产 D-塔格糖的影响　硼酸盐添加量对 D-塔格糖的转化率的影响结果如图 6-40(d) 所示，随着加入硼酸盐体积增加，D-塔格糖的转化率相继增加，当硼酸盐与 D-半乳糖的体积比为 2∶1 时，D-塔格糖的转化率最高，此时的转化率较未添加硼酸盐体系提高了近 12%。此后继续增加硼酸盐的添加量，D-塔格糖的转化率变化幅度较小，并有下降的趋势，这可能是因为加入的硼酸盐体积越大，降低了 D-半乳糖的浓度，不利于 L-AI 催化 D-半乳糖转化为 D-塔格糖。

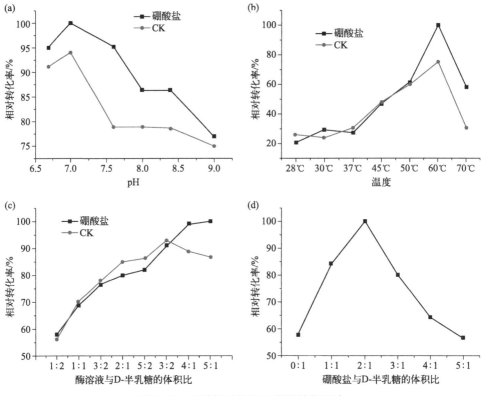

图 6-40　硼酸盐对催化 D-塔格糖的影响

6.3　植物乳杆菌 WU14 的 L-AI 耐热性分子改良

　　生物酶在工业生产中有良好的发展前景，但许多酶为胞内酶，且大部分是从常温常态菌中分离纯化出来的中温或是低温酶，酶的耐热性较差，这导致其在实际生产应用中存在如下问题：第一，中温或低温酶反应温度较低，适合微生物繁殖，使产品卫生质量得不到保证；第二，在中低温条件下，酶促反应速率较慢，生产周期延长，使生产成本大幅度提高，并且在生产过程中染菌机会也大大增加；第三，由于中低温酶耐热性差，酶的消耗量加大，也会造成生产成本的增加。而工业生产温度一般为 65℃ 以上，生物酶的热稳定性差限制了绝大部分酶在工业中的应用，但随着分子生物学、生物信息学和酶工程发展，研究者利用点突变技术突变非保守区的氨基酸，提高常温酶的热稳定性，提出酶蛋白中非保守序列中的氨基酸残基与其热稳定性有关的理论，通过分子设计来提高常温酶的热稳定性[17,18]。因此利用基因工程方法对酶基因进行分子改良以提高其热稳定性有望能够有效解决这一问题。影响蛋白质稳定性的因素是分子间作用力以及氨基酸结构组成，如易形成使蛋白质更加稳定的 α-螺旋的丙氨酸与精氨酸，使蛋白质表面形成静电相互作用力、稳定蛋白质结构的赖氨酸、谷氨酸等，以及与蛋白质的热稳定性有关蛋白质的寡聚化。因此目前提高蛋白质热稳定性主要有两个策略：非理性设计与理性设计策略。非理性设计又称为定向进化，主要是通过利用易错 PCR、DNA 改组、交错延伸及体外随机引发重组等方法构建突变体文库以提高蛋白酶的热稳定性、提高蛋白酶催化效率及底物特异性等[33,34]，需高通量筛选有正效应的突变体，耗费大量的时间和精力。而理性设计是在突变前对蛋白质序列进行分析后用同源对比、蛋白质表面电荷的优化（Modeller 软件等）、增加二硫键、脯氨酸效应及 SCHEMA 模拟法等，找到可能影响其热稳定性的氨基酸位点进行突变[35-38]。将蛋白质结构中的甘氨酸替换为脯氨酸，降低蛋白质柔性，从而提高蛋白质的热稳定性，但蛋白质热稳定性受多种因素影响，因此只有在合适的位置才能提高蛋白质的热稳定性，利用计算机辅助找到酶构象不稳定区域，将此区域附近的甘氨酸突变为脯氨酸，使其耐热性和半衰期提高[38-41]。脯氨酸是一个带有吡咯烷环侧链的特殊氨基酸，通过影响自身及周围氨基酸的 φ 和 ψ 值，降低构象的自由度，从而降低蛋白质去折叠，增加蛋白质结构的刚性，提高蛋白质的热稳定性。因此，结合生物信息学技术进行理性设计，针对参与底物结合和催化相关的关键氨基酸进行定点突变，提高 L-AI 的耐热性和催化效率是提升生物质转化率的有效途径。

目前利用 L-阿拉伯糖异构酶生物转化 D-半乳糖生成 D-塔格糖的关键是要得到一株性能优良、适合工业化生产的 D-塔格糖产生菌，对开发具有自主产权的稀少糖研究和提高 D-塔格糖的产量并适当降低生产成本具有重大现实意义。但由于缺少足够的结构模型及其结构的复杂性，L-AI 的研究主要集中在基因克隆和发酵工艺方面，而对该酶的分子催化机理研究相对较少。因此，从分子改良提高 L-AI 的热稳定性，开发一种耐热且低成本生产的新型 L-AI 酶制剂，再结合发酵调控提高转化率双重下手，将有力推动该酶在工业生产领域的应用广度和深度，使其在工业生产中具有重要的应用价值。

为了改造构建工业化生产菌株，这里进一步分析高产 D-塔格糖的植物乳杆菌 WU14 的 L-AI 的蛋白质分子结构，结合生物信息学系统分析关键氨基酸影响酶的底物结合与催化效率的作用机制，阐明 L-AI 的结构和功能的分子机理，为 L-AI 的分子改良提供理论基础；然后采用同源建模法预测 L-AI 蛋白三维空间结构和分析活性中心，分析影响热稳定性的关键氨基酸位点，进行单点和多点及迭代组合突变定向分子改良 L-AI，构建、筛选和评估构建最佳突变体后克隆入毕赤酵母和同源重组植物乳杆菌 WU14 的 L-AI，探索工业发酵生产应用的可能性，发酵罐扩大培养提高 D-塔格糖的转化率。这些研究将为今后食品级耐热型阿拉伯糖异构酶生物转化 D-塔格糖的工业化生产提供实践基础和理论依据。

这里首先对来自植物乳杆菌 WU14 的 L-AI 同源建模，找到影响其热稳定性的蛋白质构象不稳定区域，通过序列分析，将此区域内部及附近甘氨酸突变为可提高蛋白质刚性的脯氨酸，并将突变位点自由组合进行迭代突变构建突变体，对野生型及突变型进行表达测定其热稳定性。

6.3.1　L-AI 同源建模

利用 SWISSMODEL 蛋白质三级结构在线预测软件对来自植物乳杆菌 WU14 的 L-AI 三级结构进行在线预测，结果如图 6-41(a) 所示。L-AI 三级结构主要是由 α-螺旋和无规则卷曲构成，与已有晶体结构的来自发酵乳杆菌 CGMCC2921 的 L-AI（PDB ID：4IQI.1）三级结构相似性为 68.39%，L-AI 的三级结构是由 6 条链组成的复合体。与已报道的 L-AI 进行对比，发现植物乳杆菌 WU14 的 L-AI 的活性中心是由 E306、E331、H348、H447 四个氨基酸组成。

拉氏图是对蛋白质进行同源建模后模型质量检测的一个重要指标，主要是通过蛋白质三级结构中肽基所处位置的 φ 角和 ψ 角来确定蛋白质三级结构的合理性。拉氏图主要是由氨基酸分布最适区、可允许区及不允许区组成，蛋白质分析经验认为，当一个蛋白质中有超过 90% 的氨基酸分布于最适区或可允许区（统称为结构合理区），则认为蛋白质的三级结构是合理的，其中不包括甘氨酸，因为甘氨酸的构象十分灵活，可以出现在任何一个区域。从图 6-42 中可以发现，F83、L123、D117、D247 及 R397 共五个氨基酸分布于不允许区，所以，认为本次对 L-AI 预测的三级结构是合理的。

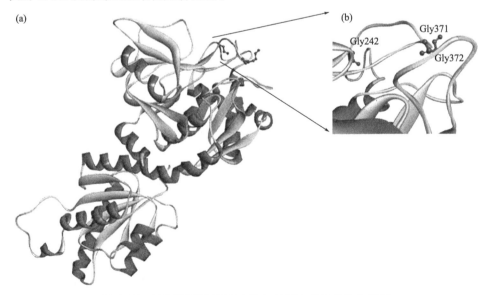

图 6-41　植物乳杆菌 WU14 的 L-AI 蛋白的三级结构预测

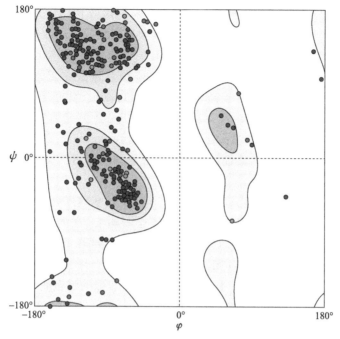

图 6-42 L-AI 三维结构模型拉氏图

6.3.2 突变位点的预测

处于蛋白质三级结构非催化中心的柔性区域对蛋白质的热稳定性有很大的影响，温度升高使柔性区域的构象发生改变，可导致蛋白质三级结构被破坏，最终失去催化活性。确定蛋白质柔性区域后，可以通过增加柔性区域的刚性来提高蛋白质的热稳定性，如增加氢键数量、引入二硫键、引入脯氨酸等。通过与已报道的 L-AI 酶的氨基酸序列对比，发现在整段野生型 L-AI 序列中，氨基酸序列第 240—250 位及氨基酸序列第 365—369 位能量分布不均匀，处于蛋白质结构的转角区域，推测这两段不稳定区域有可能是影响 L-AI 热稳定性的区域，因此，将该段作为分子改造的目标序列。相关研究表明，甘氨酸可增加蛋白质三级结构的柔性，脯氨酸可增加蛋白质三级结构的刚性，在蛋白质三级结构构象不稳定区域如无规则卷曲或 β-转角中引入脯氨酸，可以提高蛋白质的热稳定性。

脯氨酸是一个带有吡咯环的特殊氨基酸，由于 N 原子位于吡咯环上，导致 C^a-N 键不能自由旋转，从而降低蛋白质构象的自由度。脯氨酸不仅可以限制自身的 φ 值和 ψ 值，还可限制周围氨基酸的 φ 值和 ψ 值，使其不能自由旋转，导致蛋白质的刚性增加。甘氨酸没有侧链，构象灵活，可以增加蛋白质的柔性，在蛋白质构象不稳定区域，将甘氨酸替换为脯氨酸，可降低蛋白质的柔性，从而提高蛋白质的热稳定性。田健[40] 通过分子动力学模拟找到 MPH-Ochr 的构象不稳定区域，进行序列比对发现此区域 C 端存在两个甘氨酸，通过迭代突变将甘氨酸突变为脯氨酸构建 3 个突变体，突变酶 G194P 的熔解温度（T_m）值较野生型提高了 3.3℃。汤恒等[41] 利用脯氨酸效应将第 280 位甘氨酸突变为脯氨酸，在 60℃下的半衰期比原始酶的 23min 提高 5 倍，达到 117min。郭超等[42] 通过理性设计构建 3 个突变体 S67P、R87P 及 Y136P，其中 R87P 突变体酶的失活半衰期和 T_m 值较野生型分别提高了 3.1min 和 11.8℃。吕建平等[43] 通过同源建模、分子模拟找到第 279 位甘氨酸为柔性区域中的柔性氨基酸，将其突变为脯氨酸，使得蛋白质的热稳定性增强。

通过分析发现，氨基酸序列第 240—250 位及氨基酸序列第 365—369 位不在 L-AI 的催化活性中心，因此对该段的改造不会影响 L-AI 的活性。氨基酸序列第 240—250 位中存在一个甘氨酸即 Gly242，氨基酸序列第 365—369 位附近存在两个甘氨酸即 Gly371、Gly372，如图 6-41(b) 所示。由于甘氨酸结构灵活，导致蛋白质构象不稳定，因此，将这三个甘氨酸突变为刚性较强的脯氨酸，共构建 7 个突变体，即 G242P、G371P、G372P、G242P/G371P、G242P/G372P、G372P/G371P、G242P/G371P/G372P，检测这两段区域对蛋白质热稳定性的影响。

6.3.3 突变体的表达

将合成的突变质粒成功转化入大肠杆菌 BL21（DE）中，突变菌株以突变位点命名。以 SDS-PAGE 分析突变 L-AI 大小在 50kDa 左右，与野生型大小一致，如图 6-43 所示。

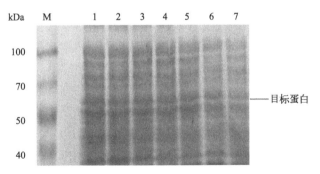

图 6-43 SDS-PAGE 检测目的蛋白

6.3.4 野生型及突变型 L-AI 最适温度及热稳定性的测定

如图 6-44（a）所示，将野生型及突变型粗酶分别在 30℃、40℃、50℃、55℃、60℃、65℃、70℃温度下反应 1h，发现野生型与突变型的最适温度没有发生改变，均为 60℃。

将野生型及突变型酶分别在 55℃ 下保温 0min、2min、5min、10min、30min、60min、90min、120min，以保温 0min 酶活力为 100%，如图 6-44（b）所示，突变型的热稳定性均要高于野生型，其中三点突变 G242P/G371P/G372P 最为明显，55℃ 保温 5min 时，三点突变 G242P/G371P/G372P 的剩余酶活为 71.67%，而野生型剩余酶活为 36.45%，延长保温时间至 120min 时，野生型剩

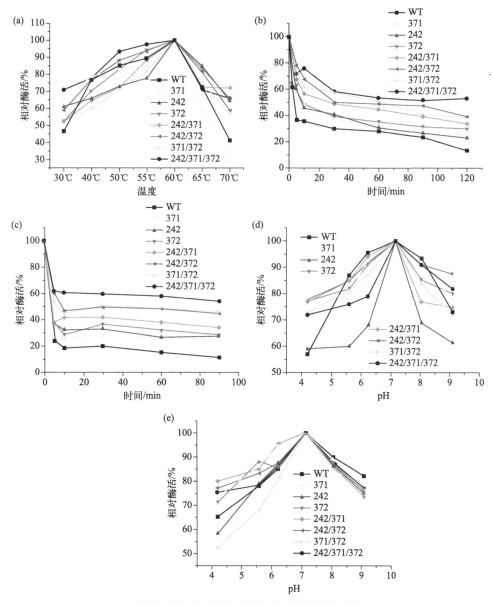

图 6-44　野生型及突变型 L-AI 的酶学性质

余酶活仅为 13.75%，G242P/G371P/G372P 的剩余酶活为 53%。

55℃下突变型的热稳定性较野生型有明显的提高，因此进一步在 70℃与野生型比较，如图 6-44（c）所示，70℃处理 5min 时，WT、G242P、G371P、G372P、G242P/G371P、G242P/G372P、G372P/G371P、G242P/G371P/G372P 的剩余酶活分别为 23.87%、38.11%、37.83%、35.66%、38.43%、60.2%、54.36%、61.72%，处理 90min 后，G242P/G371P/G372P 仍具有 53.59% 的剩余酶活，野生型仅剩 11.72%。无论是 55℃处理还是 70℃处理，其稳定性均为三点突变＞两点突变＞单点突变＞野生型。

6.3.5 野生型及突变型 L-AI 最适 pH 及 pH 稳定性的测定

如图 6-44（d）所示，将野生型及突变型粗酶分别置于 pH 为 4.21、5.60、6.24、7.17、8.04、9.11 的缓冲液体系中，在最适温度条件下反应 1h，发现突变型的最适 pH 未发生改变，为 7.17。

将 L-AI 粗酶液置于 pH 为 4.21、5.60、6.24、7.17、8.04、9.11 的缓冲液体系中，37℃保温 1h，在最适温度及最适 pH 下反应 1h，结果如图 6-44（e）所示，野生型及突变型 L-AI 均在 pH 为 7.17 时，酶活最高。在 pH6～8 时，野生型与突变型的剩余酶活均保持在 80% 以上，G371P/G372P 的 pH 稳定性较其他突变型差，在 pH4.21 保温 1h 时，仅剩 50% 左右的剩余酶活。

6.4 结论

植物乳杆菌 WU14 为益生菌且 L-AI 具有较好的耐热性，在 60℃、pH7.0、底物浓度 0.83mol/L 的条件下反应 1h，L-AI 粗酶酶活达到 13.95U/mL，有利于克服工业发酵生产温度过高的弊端，具有可工业化扩大生产的食品级高产 D-塔格糖的潜力。通过对其最适反应温度、pH、底物浓度等酶学性质的摸索，得到在 60℃、pH7.17、D-半乳糖浓度 0.8mol/L，含 10mmol/L 的 $MnCl_2$ 的条件下，发酵反应 28h 后，D-塔格糖的转化率达到最高，菌体悬浮液的转化率达到 56.12%。此外，在对植物乳杆菌 WU14 的 L-AI 酶学性质的研究中发现，该酶较其他含 L-AI 的菌株的耐酸性好。分析植物乳杆菌 WU14 的 L-阿拉伯糖异构酶的耐酸能力可能有两点：从菌种类型来看，该菌株来自于酸性口感较强的腌菜和泡菜中的乳酸菌，乳酸菌本来就有较强的耐酸和产酸能力。此外，从植物乳杆菌 WU14 的 L-AI 基因编码的氨基酸来看，有一定比例的酸性氨基酸存在。植物乳杆菌 WU14 的 L-阿拉伯糖异构酶的这种耐酸能力可以通过调节 pH 来大大减少工业生产中一些不良的副反应及其他杂菌的污染。

通过对 PCR 扩增后的植物乳杆菌 WU14 的 L-AI 基因的分析以及与 NCBI 数

据库内已知的植物乳杆菌的 L-AI 基因对比不难发现植物乳杆菌 L-AI 基因的保守性非常高，达到 99.5％。此外，通过各种生物信息学分析软件对 L-AI 的蛋白质一级、二级、三级结构进行分析发现，植物乳杆菌 WU14 的 L-AI 为胞内酶，不存在信号肽和跨膜结构。构成该酶的主要结构为 α-螺旋和无规则卷曲。这为酶学性质的研究提供了一定基础。

为了进一步了解植物乳杆菌 WU14 的 L-AI 的表达情况及构建 L-AI 食品级高效表达菌株，笔者运用重组 PCR 技术对含有 $NcoI$ 酶切位点的原 L-AI 基因进行体外定点突变但又不改变其氨基酸一级结构，以便该基因能够顺利与仅含有 $NcoI$ 和 $HindⅢ$ 酶切位点的食品级表达载体 pRNA48 构成重组质粒最后导入食品级表达菌株乳酸乳球菌 NZ9000 中，与此同时又能保证不影响 L-AI 的活性。传统的体外基因重组方法是利用 DNA 片段所含的内部酶切位点进行连接，这样不可避免地受到限制性酶切位点本身及限制性内切酶的制约。而重组 PCR 技术对基因进行连接，是使其拼接重组体的过程彻底脱离限制性内切酶和限制性连接酶，从而在根本上脱离了该段核苷酸序列中酶切位点的制约，这是传统体外基因重组无法超越和媲美的。在此次重组 PCR 的过程中，研究发现在以切胶纯化多条 DNA 拼接片段及不使用高保真 Taq 酶为基础的条件下，适当加大模板、引物、dNTP 的浓度以及适量减少 Mg^{2+} 的浓度，能够减少错配率。究其原因可能与减少扩增背景及降低 Taq 酶的错配有关。

$L.lactis$ NZ9000/ pRNA48-L-AI 重组菌株 L-AI 的异源表达需通过 nisin 诱导来进行高效表达，这里通过加入不同浓度的 nisin 及改变诱导时间来诱导 $L.lactis$ NZ9000/ pRNA48-L-AI 菌株 L-AI 的表达，结果通过改良半胱氨酸咔唑法对 L-AI 酶活的测定得出 $L.lactis$ NZ9000/pRNA48-L-AI 的 nisin 最佳诱导剂量为 30ng/mL，最佳诱导时间为 12h。这与乳酸菌 nisin 诱导表达的有效剂量为 10ng/mL 并无冲突。与此同时，在一定的培养条件下，nisin 的最佳诱导时间受菌株生长速率及 L-AI 表达的双重制约。换而言之，假如改变菌体生长环境，最佳诱导时间也会随之波动。

通过对原始菌株植物乳杆菌 WU14 的 L-AI 和 $L.lactis$ NZ9000/pRNA48-L-AI 重组菌株 L-AI 酶学性质对比发现：除了最佳 pH 和对 Mn^{2+} 的需求相同外，植物乳杆菌 WU14 的 L-AI 最佳反应温度 60℃较 $L.lactis$ NZ9000/pRNA48-L-AI 的 50℃高出 10℃。而植物乳杆菌 WU14 的 L-AI 最佳反应底物浓度 0.8mol/L 较 $L.lactis$ NZ9000/pRNA48-L-AI 的 0.6mol/L 高出 0.2mol/L。此外，原始菌株植物乳杆菌 WU14 最终转化率较重组菌株 $L.lactis$ NZ9000/ pRNA48-L-AI 高出将近 18％。在排除氨基酸一级结构可能造成的干扰外，分析原因可能有以下几点：首先，表达菌株所表达的所有 L-AI 构象并不能完全与原始菌株保持一致，因为异源表达的菌株自身并不可能提供原始菌株中形成 L-AI 正确构象的所有物

质，例如细胞内的分子伴侣或是蛋白质折叠的辅助因子等。其次，原始菌株的
L-AI 基因序列前后的某个部位可能存在增强 L-AI 转录或表达的调控子，从而能
够使 L-AI 基因得到大量转录或 L-AI 得到大量表达。因为这里所截取的为 L-AI
基因的保守序列，所以异源表达并不存在这种调控作用。最后，可能乳酸菌进行
异源表达的同时，受到细胞内的蛋白质分解作用。

通过对原始菌株植物乳杆菌 WU14 和食品级重组菌株 *L. lactis* NZ9000/
pRNA48-L-AI 的菌体破碎粗酶液和菌体悬浮液测定其 L-AI 转化率和酶活性发
现，菌体破碎粗酶液的转化率远远低于菌体悬浮液，而酶活性则在 4h 内较高于
菌体悬浮液，但随着发酵时间加长，菌体破碎粗酶液的转化率与菌体悬浮液相比
便停滞不前或是出现降低的现象。分析其原因很可能与粗酶超声破碎从细胞中分
离后，酶反应活性中心暴露于外，使其稳定性降低。换而言之，L-AI 对温度、
pH 和金属离子的耐受性与胞内环境有一定的关系。

发酵动力学研究的是在发酵过程中，随着发酵时间的变化，状态变量与控制
变量之间的变化规律。建立发酵动力学模型有助于在大批发酵过程中找到最优的
发酵条件。这里以植物乳杆菌 WU14 优化后的发酵培养基为基础，对植物乳杆
菌 WU14 进行发酵。利用 Origin 9.1 软件，采用 Logistic 模型与 Boltzmann 模型
对实验数据进行非线性拟合，得到 3 个动力学方程，拟合度分别为 $R^2 =
0.99637$、$R^2 = 0.99116$、$R^2 = 0.99443$，从拟合度说明所选的动力学模型能很好
地模拟植物乳杆菌 WU14 的发酵过程，可为以后 D-塔格糖工业化生产以及有效
地控制发酵过程提供实践基础和理论依据。

在发酵生产过程中，由于某些成分的化学变化产生有色物质，使发酵液具有
不同程度的色素，将色素带入分离纯化出的成品中，会影响 D-塔格糖的纯度，
国内常用的脱色方法有活性炭脱色和离子交换树脂脱色。活性炭的脱色是通过活
性炭的吸附作用进行除杂，活性炭的表面积越大，吸附能力越强。粉末活性炭脱
色工艺受到脱色温度、脱色时间、活性炭的添加量及溶液 pH 的影响。因此，采
用活性炭对发酵液进行脱色处理时，研究了活性炭的添加量、脱色温度、脱色时
间及发酵液 pH 对脱色效果及 D-塔格糖回收的影响，结果表明当发酵液 pH 为 4、
脱色温度为 28℃、脱色时间为 30min、活性炭添加量为 1.5％时，D-塔格糖的回
收率为 93.37％，脱色率为 89.64％。此外，D-塔格糖发酵液中存在一些游离的
杂蛋白，这些杂蛋白若不在 D-塔格糖分离纯化前去除，会对后续的分离造成一
定的困难。因此在脱色的基础上，采用 TCA 法对发酵液进一步进行脱蛋白处理
研究，结果发现，加入体积为发酵液体积的 20％ 的 TCA，于 160r/min 振荡 2h，
脱蛋白率及 D-塔格糖的回收率均要高于低温乙醇法。利用活性炭、TCA 降低了
发酵液中的色素与蛋白质含量，提高了 D-塔格糖的纯度。

Mn^{2+}、Co^{2+} 等金属离子是多数 L-AI 的活性中心的辅基，这些金属离子对

L-AI 亦有提高其稳定性的作用[44]，因此，在实验中添加了一定的 Mn^{2+}，以提高 L-AI 的活力及稳定性，但盐的存在对 D-塔格糖的纯度有一定的影响，所以选择工业上常用的阴、阳离子交换树脂进行脱盐，最终 D-塔格糖的回收率为84.22％。以 D-半乳糖为底物，通过 L-AI 催化，最终产物为 D-半乳糖与 D-塔格糖的混合液，为得到纯度较高的 D-塔格糖并且大批量生产，工业上常利用 Ca^{2+}型离子交换树脂对 D-半乳糖与 D-塔格糖进行分离，除此之外，Ca^{2+}型离子交换树脂还常用于葡萄糖和果糖、木糖醇与木糖的分离，这主要是因为 Ca^{2+}与不同的单糖的络合能力不同。本实验首先将树脂预处理变为 Ca^{2+}型，再将脱盐后浓缩的糖液进行色谱分离，成功地将 D-半乳糖与 D-塔格糖分离。最后将分离得到的 D-塔格糖冷冻干燥与标准品进行红外光谱分析，标准品与样品的光谱图基本一致，各吸收峰的位置及峰形基本相同，最终确定分离出的样品为 D-塔格糖。

当糖类分子式中存在顺式邻二羟基时，可以与硼酸盐、钼酸盐等发生络合反应生成络合物。不同构型的糖分子与络合剂的结合力不同，Vanden 等[45]研究表明硼酸与单糖形成的络合物稳定性为：顺式二醇-呋喃糖≫环外二醇-吡喃糖≫环外二醇-呋喃糖＞顺式二醇-吡喃糖＞环外顺/反-吡喃糖＞反式二醇-呋喃/吡喃糖，通过络合物的稳定性差异来改变化学反应的平衡点。Hicks 等[46]于 1980 年发现加入硼酸有利于果糖的转化；Lim 等[32]在嗜热脱氮芽孢杆菌的 L-AI 催化D-塔格糖转化的体系中加入硼酸，使得 D-塔格糖的转化率提高 28％；李晓卉等[31]对硼酸催化合成 D-塔格糖进行研究，使 D-塔格糖的转化率由 27％提高至50％。在来自植物乳杆菌 WU14 的 L-AI 转化 D-半乳糖为 D-塔格糖的反应体系中加入硼酸盐缓冲液，发现在转化温度为 60℃、反应 pH 为 7.17、粗酶液的添加量与 D-半乳糖的体积比为 5：1、硼酸盐与 D-半乳糖的体积比为 2：1 时，转化24h 后，D-塔格糖的转化率较未加硼酸盐缓冲液提高了 12％。D-塔格糖转化率的提高百分比较 Lim、李晓卉等的研究低，可能是因为粗酶液的制备不同。Lim、李晓卉等的研究是将菌体超声破碎得到粗酶液，而本实验是利用缓冲液将菌体重悬，利用全细胞催化转化 D-塔格糖，植物乳杆菌 WU14 是一株从酸菜中分离纯化出的乳酸菌，适宜在偏酸性的体系中进行转化；并且反应体系中碱性越强，硼酸盐对 D-塔格糖的络合能力越强，D-塔格糖与硼酸根离子形成络合物，促使反应体系向生成 D-塔格糖的方向进行，为 L-AI 工业化应用提供可能。

近几年，对 L-AI 的分子改造集中于最适 pH 及 pH 稳定性、酶活力、底物特异性等方面。范晨等[44]为提高酶活性以及降低最适 pH，利用易错 PCR 及定点突变技术，构建 4 个突变体，研究发现，4 个突变体的比酶活均有提高，是野生型的 1.4 倍以上，其中，D478N、D478Q 的催化效率亦要高于野生型。梁敏[47]通过对 N 端不同程度的截断对 TaMAI 的催化活性进行研究，发现截断 20个氨基酸不会对 TaMAI 的催化有影响，而 Δ(α1β1-α2β2)TaMAI、Δ(α1β1-α3β3)

TaMAI、Δ(α1β1-α4β4)TaMAI 则导致 TaMAI 无活性。通过与已有晶体结构的氨基酸序列对比构建 6 个突变体，发现 N233D、H313R、R419N 三个突变体的最适温度由 60℃ 提高至 65℃，可提高蛋白质的热稳定性。Rhimi 等[48] 构建 Q268K 突变体使得耐酸性与稳定性明显优于野生型，N175H 突变体的最佳温度范围在 50～65℃ 之间。为了构建一个耐酸突变体，将两个氨基酸位点进行双突变 Q268K/N175H，该突变体的 pH 值在 6.0～7.0 之间，最适温度在 50～65℃ 左右，酶在不添加金属离子的情况下亦保持稳定。

影响蛋白质热稳定性的因素有很多，如氢键、疏水相互作用、离子键、二硫键、芳香环等[49]。蛋白质的热稳定性与其三级结构密切相关，不同的蛋白质根据其结构采取不同的改造策略提高热稳定性。脯氨酸是一个带有吡咯烷环侧链的特殊氨基酸，通过影响自身及周围氨基酸的 φ 和 ψ 值[50]，降低构象的自由度，从而降低蛋白质去折叠，增加蛋白质结构的刚性。甘氨酸没有侧链，因此它的构象更加灵活，蛋白质中引入甘氨酸，可以增加蛋白质的柔性。据报道，在蛋白质的构象不稳定区域（无规则卷曲或 β-转角）引入脯氨酸，可以提高蛋白质的热稳定性[35]。

这里参照经典研究方法，首先对来自植物乳杆菌 WU14 的 L-AI 同源建模，找到影响其热稳定性的蛋白质构象不稳定区域，通过序列分析，将此区域内部及附近的甘氨酸突变为可提高蛋白质刚性的脯氨酸，并将突变位点自由组合进行迭代突变，共构建 7 个突变体 即 G242P、G371P、G372P、G242P/G371P、G242P/G372P、G372P/G371P、G242P/G371P/G372P。将野生型及突变型进行表达测定其热稳定性，发现突变型的热稳定性都较野生型的热稳定性有所提高，其中三点突变最为明显，70℃ 处理 90min 后，G242P/G371P/G372P 仍具有 53.59% 的剩余酶活，野生型仅剩 11.72%。说明在 L-AI 非催化中心区域引入脯氨酸，不会影响 L-AI 的表达及活性，对提高 L-AI 的热稳定性有积极作用。这为后续野生型及突变型 L-AI 的比较奠定了基础，为 L-AI 工业化应用提供了可能。

参考文献

[1] Levin G V. Tagatose, the new GRAS sweetener and health product [J]. Journal of Medicinal Food, 2002, 5(1): 1-19.

[2] Livesey G, Brown J C. D-tagatose is a bulk sweetener with zero energy determined in rat [J]. The Journal of Nutrition, 1995, 126: 1601-1609.

[3] Donner T W, Wilber J F, Ostrowski D. D-tagatose, a novel hexose: acute effects on carbohydrate tolerance in subjects with and without type 2 diabetes [J]. Diabetes, Obesity and Metabolism, 1999, 1: 285-291.

[4] Normen L, Laerke H N, Jensen B, et al. Small-bowel absorption of D-tagatose and related

effects on carbohydrate digestibility: an ileostomy study [J]. American Journal of Clinical Nutrition, 2001, 73: 105-110.

[5] Kim P. Current studies on biological tagatose production using L-arabinose isomerase: a review and future perspective [J]. Applied Microbiology Biotechnology, 2004, 65: 243-249.

[6] Manjasetty Babu A, Chance Mark R. Crystal structure of *Escherichia coli* L-arabinose isomerase (ECAI), the putative target of biological tagatose production [J]. Journal of Molecular Biology, 2006, 360: 297-309.

[7] Buemann B, Toubro S, Raben A, et al. The acute effect of D-tagatose on food intake in human subjects [J]. British Journal of Nutrition, 2000, 84: 227-231.

[8] Ibrahim O O, Spradlin J E. Process for manufacturing D-tagatose [J]. US Patent, 2000. US6057135A.

[9] Beadle J R, Saunder J P, Wajada T J. Process for manufacturing tagatose [J]. US Patent, 1992, US05078796A.

[10] Izumori K, Tsuzaki K. Production of D-tagatose from D-galactitol by *Mycobacterium smegmatis* [J]. Ferment Technology, 1988, 66: 225-227.

[11] Izumori K, Miyoshi T, Tokuda S, Yamabe K. Production of D-tagatose from dulcitol by *Arthrobacter globiformis* [J]. Applied Environment Microbiology, 1984, 46: 1055-1057.

[12] Muniruzzanman S, Tokunaga H, Izumori K. Isolation of *Enterobacter agglomerans* strain 221e from soil, a potent D-tagatose producer from galactitol [J]. Journal Ferment Bioengineering, 1994, 78: 145-148.

[13] Shimonish T, Okumura Y, Izumori K. Production of D-tagatose from galactitol by *Klebsiella pneumoniae* strain 40b [J]. Journal Ferment Bioengineering, 1995, 79: 620-622.

[14] Cheetham P S J, Wootton A N. Bioconversion of D-galactose into D-tagatose [J]. Enzyme Microbiology Technology, 1993, 15: 105-108.

[15] Kim B C, Lee Y H, Lee H S, et al. Cloning, expression and characterization of L-arabinose isomerase from *Thermotoga neapolitana*: bioconversion of D-galactose to D-tagatose using the enzyme [J]. FEMS Microbiology Letters, 2002, 212: 121-126.

[16] Oh D K, Kim H J, Oh H J, et al. Modification of optimal pH in L-arabinose isomerase from *Geobacillus stearothermophilus* for D-galactose isomerization [J]. Journal Molecular Catalysis B Enzymatic, 2006, 43: 108-112.

[17] Oh H J, Kim H J, Oh D K. Increase in D-tagatose production rate by site-directed mutagenesis of L-arabinose isomerase from *Geobacillus thermodenitrificans* [J]. Biotechnology Letters, 2006, 28: 145-149.

[18] Kim J W, Kim Y W, Roh H J, et al. Production of tagatose by a recombinant thermostable L-arabinose isomerase from *Thermus* sp. IM6501 [J]. Biotechnology Letters, 2003, 25: 963-967.

[19] Jørgensen F, Hansen O C, Stougaard P. Enzymatic conversion of D-galactose to D-tagatose: heterologous expression and characterisation of a thermostable L-arabinose isomerase from *Thermoanaerobacter mathranii* [J]. Applied Microbiology Biotechnology, 2004, 64: 816-

822.

［20］ Lee D W，Jang H J，Choe E A，et al. Characterization of a thermostable L-arabinose isomerase from the hyper thermophilic eubacterium *Thermotoga maritima*［J］. Applied Environment Microbiology，2004，70：1397-1404.

［21］ Rhimi M，Juy M，Aghajari N，et al. Probing the essential catalytic residues and the substrate affinity in the thermoactive *Bacillus stearothermophilus* US100 L-arabinose isomerase by site-directed mutagenesis［J］. Journal Bacteriology，2007，189：3556-3563.

［22］ 应碧.高产 D-塔格糖乳酸菌 L-AI 基因的分析、食品级诱导表达及其酶学性质的研究［D］.南昌：江西农业大学，2015.

［23］ 孙志军，陈文薪，凌锦，等.高产 D-塔格糖植物乳杆菌 WU14 的 L-阿拉伯糖异构酶发酵培养基优化［J］.食品科技，2019，44(5)：24-32.

［24］ Sheppard D E，Englesberg E. Further evidence for positive control of the L-arabinose system by gene araC［J］. Jornal of Molecular Biology，1967，25(3)：443-454.

［25］ Jia J P，Qiu J P，Zhou Y G. Modeling of batch fermentation kinetics for glutathione production［J］. Modern Food Science & Technology，2012，28(4)：391-395.

［26］ Luedeking R，Piret E L. A kinetic study of the lactic fermentation［J］. Jornal of Biochemical and Microbiological Technology and English，1959，(1)：393-430.

［27］ 苏敬红.产 L-乳酸的嗜热乳酸杆菌（T-1）发酵动力学研究［J］.现代食品科技，2007(03)：30-32.

［28］ 刘新颖.大肠杆菌工程菌发酵乳糖制备 D-塔格糖的研究［D］.济南：山东大学，2014.

［29］ 黄闻霞，沐万孟，江波.D-塔格糖的分离纯化［J］.食品与发酵工业，2008(06)：168-171.

［30］ 胡仲禹，龚劲刚，邓瑞红，等.Ca²⁺型离子交换树脂制取果糖的研究［J］.江西化工，2003(01)：41-43.

［31］ 李晓卉.络合法以及固定化酶法制备 D-塔格糖的研究［D］.无锡：江南大学，2012.

［32］ Lim B C，Kim H J，Oh D K. High production of D-tagatose by the addition of boric acid［J］. Biotechnology Progress，2007，23：824-828.

［33］ Moore J C，Jin H M，Kuchner O，et al. Strategies for the in vitro evolution of protein function：enzyme evolution by random recombination of improved sequences［J］. Journal of Molecular Biology，1997，272(3)：340-347.

［34］ Johanna S，Michael A，Sarah M，et al. Insights into enhanced thermostability of a cellulosomal enzyme［J］. Carbohydrate Research，2014，389：78-84.

［35］ Zhou C，Xue Y，Ma Y. Enhancing the thermostability of α-glucosidase from *Thermoanaerobacter tengcongensis* MB4 by single proline substitution［J］. Journal of Bioscience & Bioengineering，2010，110(1)：12-17.

［36］ 张艳丽.葡萄糖氧化酶的高效表达及耐热性分子改良［D］.北京：中国农业科学院，2018.

［37］ Jingyi L，Bingjie R，Liutengzi C，et al. Effect of introduction of disulfide bonds in C-terminal structure on thermalstability of xylanase XynZF-2 from *Aspergillus niger*［J］.

Genomics & Applied Biology，2017.

[38] Voigt C A，Martinez C，Wang Z G，et al. Protein building blocks preserved by recombination [J]. Nature Structural & Molecular Biology，2002，9(7)：553.

[39] Xiaoyan N，Yanli Z，Tiantian Y，et al. Enhanced thermostability of glucose oxidase through computer-aided molecular design [J]. International Journal of Molecular Sciences，2018，19(2)：425.

[40] 田健. 计算机辅助分子设计提高蛋白质热稳定性的研究 [D]. 北京：中国农业科学院，2011.

[41] 汤恒，黄申，冯旭东. 理性设计提高 β-葡萄糖醛酸苷酶的热稳定性 [J]. 化工学报，2015，66(6)：2205-2211.

[42] 郭超，王志彦. 理性设计改造牛肠激酶的热稳定性 [J]. 中国生物工程杂志，2016，36(8)：46-54.

[43] 吕建平，魏冬青，王永华. 基于分子动力学的脂肪酶 Lipase 5 的热稳定性研究 [J]. 原子与分子物理学报，2016，33(1)：128-134.

[44] 范晨. *Alicyclobacillus hesperidum* L-阿拉伯糖异构酶性质鉴定及分子改造 [D]. 无锡：江南大学，2015.

[45] Vanden B R，Peters J A，Van B H. The structure and (local) stability constants of borate esters of mono- and di-saccharides as studied by B and ^{13}C NMR spectroscopy [J]. Carbohydrate Research，1994，253：1-12.

[46] Hicks K B，Parrish F W. A new method for the preparation of lactulose from lactose [J]. Carbohydrate Research，1980，82：393-397.

[47] 梁敏. *Thermoanaerobacter mathranii* 来源的 L-阿拉伯糖异构酶（TaMAI）及其转化 D-塔格糖的研究 [D]. 济南：山东大学，2012.

[48] Rhimi M，Aghajari N，Juy M，et al. Rational design of *Bacillus stearothermophilus* US100 l-arabinose isomerase：Potential applications for d-tagatose production [J]. Biochimie，2009，91(5)：650-653.

[49] Khan S，Vihinen M. Performance of protein stability predictors [J]. Human Mutation，2010，31(6)：675-684.

[50] Goihberg E，Dym O，Tel-Or S，et al. A single proline substitution is critical for the thermostabilization of Clostridium beijerinckii alcohol dehydrogenase [J]. Proteins Structure Function and Bioinformatics，2006，66(1)：196-204.

第 7 章

植物乳杆菌 WU14 6-磷酸-β-葡萄糖苷酶的基因克隆、蛋白质表达以及生物信息学分析

　　植物乳杆菌作为安全的食品发酵剂，在改善食品风味和发酵特性等方面被广泛应用，其在葡萄酒酿造业中也发挥着重要作用，例如植物乳杆菌是葡萄酒进行苹果酸、乳酸发酵常见的乳酸菌之一，可以在葡萄酒高酒精、低高温等苛刻条件下生长，并且植物乳杆菌产生的 β-葡萄糖苷酶对葡萄酒的风味有着非常重要的影响，对于葡萄酒增香具有广阔的应用前景[1-3]。

　　β-葡萄糖苷酶是一种能够水解糖苷键从而产生挥发性香气物质和葡萄糖的糖苷水解酶[4]，又称 β-D-葡萄糖苷葡萄糖水解酶，它能水解结合于非还原性末端的 β-D-葡萄糖苷键，同时释放出 β-D-葡萄糖和相应的配基，是纤维素分解酶系中的重要组成成分[5]。另外，还有一类 6-磷酸-β-葡萄糖苷酶[6] 在微生物中基本以胞内酶的形式存在，可以催化 6-磷酸纤维二糖、6-磷酸纤维素寡糖等 6-磷酸-β-葡萄糖苷类化合物产生葡萄糖-6-磷酸而使纤维素得以分解[7, 8]。

　　6-磷酸-β-葡萄糖苷酶有两类，分别分布于 GH1 和 GH4 中。GH1 家族作用残基多为两个谷氨酸残基，靠近 N 端的谷氨酸起酸/碱作用，另一谷氨酸起亲核试剂的作用[9]。这两类酶的主要区别是 GH4 的 6-磷酸-β-葡萄糖苷酶催化底物分解时需要金属离子（Mn^{2+}、Ni^{2+}、Co^{2+} 或 Fe^{2+}）和 NAD^+ 的辅助，而 GH1 的 6-磷酸-β-葡萄糖苷酶则可以独立完成催化作用[8, 10]。目前关于 β-葡萄糖苷酶的研究很多，但是有关 6-磷酸-β-葡萄糖苷酶的报道却很少，并且鲜少有关于植物乳杆菌来源的 6-磷酸-β-葡萄糖苷酶，原因之一可能就是其在异源表达时容易形成包涵体或需要磷酸化底物[11]。牛瑜[12]、尹捷[13] 和刘晴[14] 等以对硝基苯基-β-D-吡喃葡萄糖苷-6-磷酸为底物，测定 6-磷酸-β-葡萄糖苷酶酶活性。

根据 NCBI 数据库中的比对信息得到植物乳杆菌 WU14 中有 8 个 6-磷酸-β-葡萄糖苷酶基因，这里对 8 个基因 *BglAW14*、*BglBW14*、*BglCW14*、*BglDW14*、*BglEW14*、*BglFW14*、*BglGW14* 和 *BglHW14* 进行了基因克隆和异源表达，并对其对应的编码蛋白进行生物信息学分析。

7.1　植物乳杆菌 WU14 的 8 个 β-葡萄糖苷酶编码基因的克隆

利用细菌基因组 DNA 提取试剂盒提取植物乳杆菌 WU14 全基因组 DNA，其质量浓度为 40ng/μL，通过基因组测序结果分析，经 CAZy 数据库注释分析发现基因组上具有 8 个 GH1 家族 6-磷酸-β-葡萄糖苷酶基因。以植物乳杆菌 WU14 基因组为模板、目的基因的特异性引物为扩增引物进行 PCR 扩增，然后用 1% 琼脂糖凝胶电泳验证，结果如图 7-1 所示，目的条带大小为 1500bp 左右，结果显示扩增条带大小正确，条带单一、浓度较高，可用于后续实验。

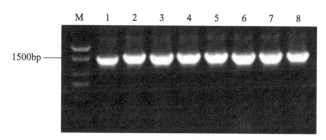

图 7-1　*BglAW14*、*BglBW14*、*BglCW14*、*BglDW14*、
BglEW14、*BglFW14*、*BglGW14* 和 *BglHW14* 基因 PCR 扩增凝胶电泳图
M—DNA Marker 2000；1—*BglAW14* 基因；2—*BglBW14*；3—*BglCW14*；
4—*BglDW14*；5—*BglEW14*；6—*BglFW14*；7—*BglGW14*；8—*BglHW14*

7.2　SDS-PAGE 分析重组蛋白

利用生物信息学软件 SnapGene 分析目的基因序列，8 个基因的理论蛋白质大小均为 55kDa 左右。8 个蛋白质的 SDS-PAGE 结果如图 7-2～图 7-5 所示，以未加异丙基-β-D-硫代半乳糖苷（IPTG）诱导的菌液作为对照组，可以看出八个蛋白质都诱导表达成功，蛋白 BglAW14、BglCW14 和 BglFW14 的破碎上清液表达条带明显且与诱导成功的条带一致，都在 55kDa 左右，其余的 5 个蛋白质的菌体破碎上清未检测到表达蛋白，而菌体破碎沉淀都有大量表达，故 5 个蛋白质都为包涵体表达。蛋白 BglAW14、BglCW14 和 BglFW14 为部分可溶性表达。

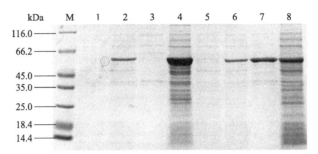

图 7-2 SDS-PAGE 分析 BglBW14 和 BglCW14 蛋白
M—蛋白 Marker；1——IPTG BglBW14；2—＋IPTG BglBW14；3—BglBW14 破碎上清；4—BglBW14 破碎沉淀；5——IPTG BglCW14；6—＋IPTG BglCW14；7—BglCW14 破碎上清；8—BglCW14 破碎沉淀

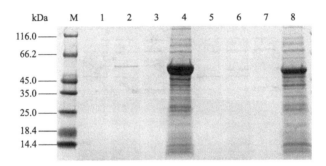

图 7-3 SDS-PAGE 分析 BglDW14 和 BglEW14 蛋白
M—蛋白 Marker；1——IPTG BglDW14；2—＋IPTG BglDW14；3—BglDW14 破碎上清；4—BglDW14 破碎沉淀；5——IPTG BglEW14；6—＋IPTG BglEW14；7—BglEW14 破碎上清；8—BglEW14 破碎沉淀

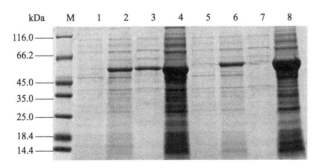

图 7-4 SDS-PAGE 分析 BglFW14 和 BglGW14 蛋白
M—蛋白 Marker；1——IPTG BglFW14；2—＋IPTG BglFW14；3—BglFW14 破碎上清；4—BglFW14 破碎沉淀；5——IPTG BglGW14；6—＋IPTG BglGW14；7—BglGW14 破碎上清；8—BglGW14 破碎沉淀

　　纯化蛋白 BglAW14、BglCW14 和 BglFW14 的 SDS-PAGE 结果如图 7-6 所示，3 个蛋白质用不同浓度的咪唑溶液洗脱后，得到的纯化蛋白的条带与对应的已诱导的菌体破碎液上清条带一致，表达量高且条带单一，用 pNPG 法处理样品 10min 没有检测到 β-葡萄糖苷酶酶活性。刘晴等[14] 研究的 6-磷酸-β-葡萄糖苷酶

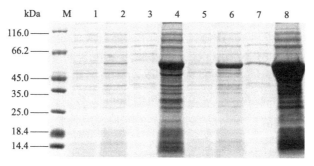

图 7-5　SDS-PAGE 分析 BglHW14 和 BglAW14 蛋白

M—蛋白 Marker；1——IPTG BglHW14；2—+IPTG BglHW14；3—BglHW14 破碎上清；4—BglHW14 破碎沉淀；5——IPTG BglAW14；6—+IPTG BglAW14；7—BglAW14 破碎上清；8—BglAW14 破碎沉淀

TteBg1B 具有较强的底物特异性，对 β-D-葡萄糖苷键和 β-D-半乳糖苷键仅有微弱的水解作用。尹捷等[13] 研究的 6-磷酸-β-葡萄糖苷酶 PbgL 具有底物专一性，对 pNPG 衍生物中的 α-半乳糖苷键、6-磷酸-α-葡萄糖苷键、6-磷酸-α-半乳糖苷键及 6-磷酸-α-甘露糖苷键均无水解作用，这里的三个纯化酶与已报道的 6-磷酸-β-葡萄糖苷酶具有特异降解 6-磷酸底物，而不能水解 pNPG 的酶学特性相一致。

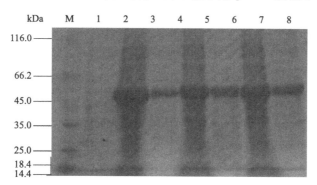

图 7-6　SDS-PAGE 分析 BglAW14、 BglCW14 和 BglFW14 纯化蛋白

M—蛋白 Marker；1—pET—30a 空载体；2—BglAW14 破碎上清；3—BglAW14 纯化蛋白；4—BglCW14 破碎上清；5—BglCW14 纯化蛋白；6—BglFW14 破碎上清；7— BglFW14 纯化蛋白

7.3　目的基因 *BglAW14*、*BglBW14*、*BglCW14*、*BglDW14*、*BglEW14*、*BglFW14*、*BglGW14* 和 *BglHW14* 的生物信息学分析

7.3.1　氨基酸序列分析、跨膜结构和信号肽预测

用 NCBI 比对氨基酸序列，结果如表 7-1 所示，8 个基因与对应的蛋白质注

释的一致性在 100%。在线预测 8 个基因编码蛋白质的氨基酸长度、分子量和等电点如表 7-2 所示。蛋白质的跨膜结构能分析蛋白质的定位，对后续的表达、纯化有着重要影响，利用 TMHMM 2.0 对 8 个基因进行跨膜结构预测，结果如表 7-2 所示，8 个蛋白均没有跨膜结构，预测结果均为可溶性蛋白。信号肽能够引导新合成的蛋白质向分泌通路转移，预测蛋白质类型，利用 SignalP 4.0 对 8 个基因进行信号肽预测，预测结果如表 7-2 所示，8 个蛋白质均没有信号肽，预测结果均为非分泌蛋白。

表 7-1　植物乳杆菌 WU14 的 GH1 家族葡萄糖苷酶的基因注释和一致性分析

蛋白质名称	蛋白注释	一致性/%	基因库
BglAW14	6-磷酸-β-葡萄糖苷酶	100	ASI63769.1
BglBW14	6-磷酸-β-葡萄糖苷酶	100	ACT63688.1
BglCW14	6-磷酸-β-葡萄糖苷酶	100	AGE37681.1
BglDW14	6-磷酸-β-葡萄糖苷酶	100	AOG32790.1
BglEW14	6-磷酸-β-葡萄糖苷酶	100	ASI62503.1
BglFW14	6-磷酸-β-葡萄糖苷酶	100	AOG33440.1
BglGW14	6-磷酸-β-葡萄糖苷酶	100	KRL98352.1
BglHW14	6-磷酸-β-葡萄糖苷酶	100	ANM73531.1

表 7-2　氨基酸序列分析、跨膜结构和信号肽预测

蛋白质名称	氨基酸长度	分子量/kDa	理论等电点	跨膜结构	信号肽
BglAW14	460	53.39	5.04	无	无
BglBW14	486	55.81	5.75	无	无
BglCW14	482	54.73	4.82	无	无
BglDW14	487	55.29	5.05	无	无
BglEW14	490	55.84	5.24	无	无
BglFW14	479	54.89	4.94	无	无
BglGW14	480	54.71	5.10	无	无
BglHW14	478	54.85	5.17	无	无

7.3.2　氨基酸序列比对分析及系统发育树分析

将八个蛋白质的氨基酸序列进行序列比对，结果如图 7-7 所示，8 个序列都具有 GH1 家族葡萄糖苷酶的两个典型的谷氨酸（E）催化位点。N 端序列差异明显，C 端序列具有较高的一致性。同时对 8 个蛋白质序列用 MEGA 5 软件的 NJ 法构建系统发育树，结果如图 7-8 所示，8 个蛋白质序列的一致性在 32%～

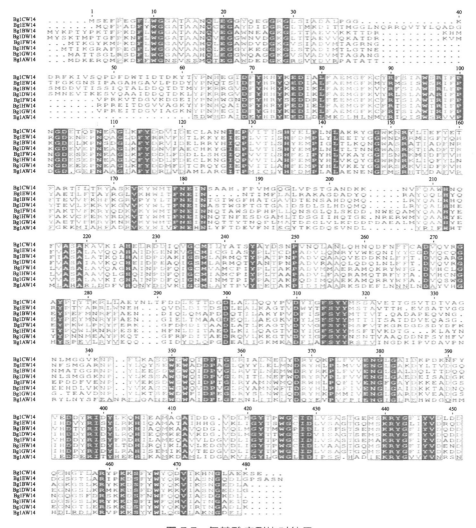

图 7-7　氨基酸序列比对结果

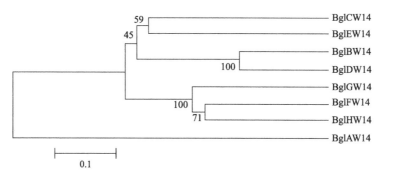

图 7-8　系统发育树

74%之间。从进化树分析结果发现，8 个蛋白质形成 3 个进化簇，其中 BglBW14 和 BglDW14 氨基酸一致性最高为 74%，其次是 BglFW14、BglHW14 和 BglGW14 相互之间的一致性在 66%以上。其他蛋白质氨基酸一致性均在 60%以下，尤其是 BglAW14 与其他 7 个蛋白质氨基酸一致性在 40%以下。

7.3.3 蛋白质二级结构预测

蛋白质的二级结构是蛋白质的多肽链中有规则重复的构象，主要包括 α-螺旋、β-折叠和 β-转角，在线预测 BglAW14、BglBW14、BglCW14、BglDW14、BglEW14、BglFW14、BglGW14 和 BglHW14 的二级结构，结果如表 7-3 所示，8 个蛋白质均有最大占比的 α-螺旋、中等占比的延伸链、大占比的无规则卷曲以及小占比的 β-转角。

表 7-3　蛋白质二级结构预测

蛋白质名称	α-螺旋	α-螺旋占比/%	延伸链	延伸链占比/%	无规则卷曲	无规则卷曲占比/%	β-转角	β-转角占比/%
BglAW14	195	42.39	85	18.48	133	28.91	47	10.22
BglBW14	187	38.48	92	18.93	155	31.98	52	10.7
BglCW14	174	36.1	102	21.16	150	31.12	56	11.62
BglDW14	224	46	81	16.63	125	25.67	57	11.7
BglEW14	172	35.1	108	22.04	161	32.86	49	10
BglFW14	168	35.07	87	18.16	165	34.45	59	12.32
BglGW14	159	33.12	102	21.25	158	32.92	61	12.71
BglHW14	149	31.17	105	21.97	161	33.68	63	13.18

7.3.4 亚细胞定位

亚细胞定位能预测蛋白质在细胞内的位置，对于研究蛋白质具有重要意义，在线预测 BglAW14、BglBW14、BglCW14、BglDW14、BglEW14、BglFW14、BglGW14 和 BglHW14 编码蛋白在细胞内的位置如表 7-4 所示，BglAW14、BglBW14、BglCW14、BglDW14、BglFW14 和 BglGW14 的预测结果显示其位于细胞质内，BglEW14 的预测结果显示其位于分泌层内，BglHW14 的预测结果显示其位于细胞膜。其中 BglCW14 和 BglFW14 在周质空间内有较多的占比，BglCW14 和 BglFW14 具有部分可溶性可能与此相关。

表 7-4　亚细胞定位

蛋白质名称	细胞质	跨膜	分泌层	周质空间
BglAW14	7.64	2.36	0	0
BglBW14	7.97	1.43	0.6	0
BglCW14	4.91	2.93	0.4	1.76
BglDW14	4.59	2.91	1.86	0.65
BglEW14	0.58	3.15	6.01	0.27
BglFW14	4.31	2.75	0.65	2.29
BglGW14	7.15	0.87	0.31	1.67
BglHW14	3.2	6.6	0	0.2

7.4　结论

这里成功克隆到 8 个来自植物乳杆菌 WU14 的 6-磷酸-β-葡萄糖苷酶编码基因。经 SDS-PAGE 验证可知 8 个酶蛋白在大肠杆菌中异源表达成功，但只有三个蛋白 BglAW14、BglCW14 和 BglFW14 为部分可溶性表达，其余 5 个酶蛋白为包涵体。

对 8 个基因的编码蛋白进行生物信息学分析，结果显示：8 个基因都属于 GH1 家族，编码 6-磷酸-β-葡萄糖苷酶。编码氨基酸具有 GH1 家族 6-磷酸-β-葡萄糖苷酶保守的 NEP 和 ENG 两个催化区域。编码蛋白都无信号肽和跨膜结构、疏水性较强。亚细胞结构预测可知，除了 BglEW14 主要存在于分泌层内和 BglHW14 主要存在于细胞膜，其余的六个基因都存在于细胞质内。

研究表明，BglAW14、BglCW14 和 BglFW14 在大肠杆菌中异源表达为可溶性蛋白，并纯化获得了单一目的的条带，但上述 3 个可溶性蛋白以 pNPG 为底物未检测到 β-葡萄糖苷酶活性，这与 6-磷酸-β-葡萄糖苷酶具有特异降解 6-磷酸底物，而不能高效水解 pNPG 的酶学特性相一致。

参考文献

[1] Du Toit Maret，et al. *Lactobacillus*：the next generation of malolactic fermentation starter cultures-an overview ［J］. Food and Bioprocess Technology，2010，4(6)：876-906.

[2] Milla A B，Natalia M，Thaise M T，et al. Purification and Characterization of an Ethanol-Tolerant β-Glucosidase from *Sporidiobolus pararoseus* and Its Potential for Hydrolysis of Wine Aroma Precursors ［J］. Applied Biochemistry and biotechnology，2013，171(7)：1681-1691.

［3］ Lcrm E，Engelbrecht L，Du Toit M. Selection and Characterisation of *Oenococcus oeni* and *Lactobacillus plantarum* South African Wine Isolates for Use as Malolactic Fermentation Starter Cultures ［J］. South African Journal of Enology & Viticulture，2011，32（2）：280-295.

［4］ Barbosa A M，Giese E C，Dekker R F H，et al. Extracellular beta-glucosidase production by the yeast *Debaryomyces pseudopolymorphus* UCLM-NS7A：optimization using response surface methodology ［J］. New Biotechnology，2010，27（4）：374-381.

［5］ 曹慧方. 来源于 *Alicyclobacillus* sp. A4 的 GH1 家族 β-葡萄糖苷酶的克隆表达及葡萄糖耐受性分子改造 ［D］. 北京：中国农业科学院研究生院，2017.

［6］ Witt E，Frank R，Hengstenberg W. 6-Phospho-β-galactosidases of Gram-positive and 6-phospho-β-glucosidase B of Gram-negative bacteria：comparison of structure and function by kinetic and immunological methods and mutagenesis of the lacG gene of *Staphylococcus aureus* ［J］. Protein Engineering，Design and Selection，1993，6(8)：913-920.

［7］ Desai S K，Nandimath K，Mahadevan S. Diverse pathways for salicin utilization in *Shigella sonnei* and *Escherichia coli* carrying an impaired bgl operon ［J］. Archives of Microbiology，2010，192(10)：821-833.

［8］ Thompson J，Ruvinov S B，Freedberg D I，et al. Cellobiose-6-Phosphate Hydrolase(CelF) of *Escherichia coli*：Characterization and Assignment to the Unusual Family 4 of Glycosylhydrolases ［J］. Journal of Bacteriology，1999，181(23)：7339-7345.

［9］ Mcintosh L P，Hand G，Johnson P E，et al. The pK_a of the General Acid/Base Carboxyl Group of a Glycosidase Cycles during Catalysis：A 13 C-NMR Study of *Bacillus circulans* Xylanase ［J］. Biochemistry，1996，35(31)：9958-9966.

［10］ Thompson J，Robrish S A，Bouma C L，et al. Phospho-beta-glucosidase from *Fusobacterium mortiferum*：purification，cloning，and inactivation by 6-phosphoglucono-delta-lactone ［J］. Journal of Bacteriology，1997，179(5)：1636-1645.

［11］ Thompson J，Lichtenthaler F W，Peters S，et al. Beta-glucoside kinase(BglK) from *Klebsiella pneumoniae*. Purification，properties，and preparative synthesis of 6-phospho-beta-D-glucosides ［J］. Journal of Biological Chemistry，2002，277(37)：34310-34321.

［12］ 牛瑜. 6-磷酸-β-葡萄糖苷酶 Pbgl25-217 的克隆、表达与酶学性质研究 ［D］. 济南：山东大学，2011.

［13］ 尹捷，刘一苇，李洁，等. 腾冲嗜热厌氧杆菌 6-磷酸-β-葡萄糖苷酶的表达与结晶及其功能鉴定 ［J］. 中国生物化学与分子生物学报，2008(10)：916-924.

［14］ 刘晴，张宇微，张宇宏，等. 热稳定 6-磷酸-β-葡萄糖苷酶 TteBglB 异源表达、分离纯化及酶学性质分析 ［J］. 中国农业科技导报，2014，16(6)：52-58.